Kurt Fischer

Bildkommunikation

Bedeutung, Technik und Nutzung
eines neuen Informationsmediums

Mit 66 Abbildungen

Springer-Verlag Berlin Heidelberg NewYork
London Paris Tokyo 1987

Dr.-Ing. Kurt Fischer
ehem. Direktor der Siemens AG
Bereich Nachrichten- und Sicherungstechnik, Zentrallaboratorium, München
Professor an der Technischen Universität München

ISBN-13: 978-3-540-16974-1   e-ISBN-13: 978-3-642-85760-7
DOI: 10.1007/978-3-642-85760-7

CIP-Kurztitelaufnahme der Deutschen Bibliothek
Fischer, Kurt:
Bildkommunikation : Bedeutung, Technik u. Nutzung
e. neuen Informationsmediums / Kurt Fischer.
Berlin ; Heidelberg ; New York ; London ; Paris ; Tokyo : Springer, 1987
ISBN-13: 978-3-540-16974-1

Das Werk ist urheberrechtlich geschützt. Die dadurch begründeten Rechte, insbesondere die der Übersetzung, des Nachdrucks, der Entnahme von Abbildungen, der Funksendung, der Wiedergabe auf photomechanischem oder ähnlichem Wege und der Speicherung in Datenverarbeitungsanlagen bleiben, auch bei nur auszugsweiser Verwertung, vorbehalten. Die Vergütungsansprüche des § 54, Abs. 4 UrhG werden durch die „Verwertungsgesellschaft Wort", München, wahrgenommen.

© Springer-Verlag Berlin Heidelberg 1987

Die Wiedergabe von Gebrauchsnamen, Handelsnamen, Warenbezeichnungen usw. in diesem Buch berechtigt auch ohne besondere Kennzeichnung nicht zu der Annahme, daß solche Namen im Sinne der Warenzeichen- und Markenschutz-Gesetzgebung als frei zu betrachten wären und daher von jedermann benutzt werden dürften.

Satz: Pustet, Regensburg

2362/3020-543210

Vorwort

Unsere wirtschaftlich, gesellschaftlich, politisch und kulturell in Bewegung geratene Welt läßt das Bedürfnis nach vermehrter und verbesserter Information und Kommunikation wachsen. Die Forderung nach neuen Kommunikationsmitteln erwuchs aus einem immer enger und komplexer gewordenen Lebensraum mit seinen vielfältigen Formen menschlichen Zusammenwirkens. Die Diskussionen und Mutmaßungen um die Zukunft unserer hochindustrialisierten Gesellschaftsform räumen dieser sich abzeichnenden Informationsorientierung einen so hohen Stellenwert ein, daß sie zum prägenden Begriff einer nachindustriellen Phase erklärt wird – der Informationsgesellschaft. Offen bleibt, ob diese Entwicklung hin zu einem Informationszeitalter aus dem faszinierenden Angebot neuer Basistechnologien resultiert oder aber die Ursache in dem sich gleichfalls abzeichnenden Trend hin zu einer dominierenden Dienstleistungsgesellschaft liegt, die nicht weniger einer leistungsfähigen Kommunikationsinfrastruktur bedarf.

Wie auch immer man zu dieser Namensgebung steht – unsere Informations- und Kommunikationsgesellschaft bietet inzwischen genügend Stoff für unzählige Publikationen und darüber hinaus für öffentliche, kontrovers geführte, erregte Diskussionen, in denen Chancen und Nutzen, aber auch reale und erdachte Gefährdungspotentiale in vielfältigen Szenarien aufgezeigt werden. Der Bogen dieser Akzeptanz- und Technologiefolgeabschätzung spannt sich dabei von der nüchternen Analyse des heutigen Ist-Zustandes über die Futurologie bis hin zur Grenze der Science Fiction.

Die folgende Betrachtung befaßt sich nur mit einem Teilaspekt unserer künftigen Informationslandschaft – der Bildkommunikation – mit ihren neuen und wirkungsvollen Formen interpersoneller Individualkommunikation. Ausgehend von der Funktion und Leistungsfähigkeit unseres sinnlichen Wahrnehmungssystems als der unabdingbaren Voraussetzung jedweder menschlichen Kommunikation, wird die persönliche Begegnung als ursprünglichste Form interpersoneller Kommunikation im einzelnen analysiert. Diese Untersuchung weist neben dem vokalauditiven insbesondere dem visuellen Kanal einen beherrschenden Rang bei der Informationsübermittlung zu.

In unseren derzeitigen technischen, exklusiven vermittelnden Kommunikationssystemen jedoch ist eine bilaterale bildhafte Informationsübermittlung in größerem Umfang de facto nicht ohne weiteres realisierbar. Soll künftig das Medium Bild – als Fest- und Bewegtbild – jedoch integraler Bestandteil einer telekommunikativen Infrastruktur werden, so bedarf es breitbandiger Kommunikationsnetze. Damit erhalten die Bild- und die Breitbandkommunikation die gleiche technische Basis, und erst dann können Kommunikationsformen, wie Bildfernsprechen, Bildkonferenzen, bildgestützte interaktive Abrufdienste und sehr schneller Datenverkehr der breiten Öffentlichkeit angeboten werden. Zweifellos trägt das Bild zur qualitativen Bereicherung unserer bisherigen telekommunikativen Möglichkeiten bei, und es bringt uns bereits in die Nähe des erstrebten Ziels zwischenmenschlicher Kommunikation, jedermann an jedem Ort zu jeder Zeit sprechen und sehen zu können.

Ein weiterer Teil dieser Betrachtung befaßt sich mit der technischen Realisierung eines breitbandigen digitalen Nachrichtennetzes, bei dem in Zukunft die unterschiedlichsten Kommunikationsformen in einem einzigen Netz gleichzeitig betrieben werden können. Hierbei gilt es, die ergonomischen Fragestellungen zum Bildterminal, wie auch in gleichem Maße die Problemkreise der Bildcodierung, der Übertragung und Vermittlung von Bitraten bis 140 Mbit/s aufzuzeigen. Schließlich werden netztechnische Fragen und Einführungsstrategien diensteintegrierender Breitbandnetze exemplarisch vorgestellt.

Ein letzter Abschnitt ist den vielfältigen statischen und dynamischen Informationsangeboten eines vermittelnden Breitbandkommunikationssystems gewidmet. Hieraus wiederum leiten sich denkbare Auswirkungen auf Wirtschaft, Organisationsformen sowie Verkehrs- und Gesellschaftsstrukturen ab.

Eine künftige Bildkommunikation ist darüber hinaus umweltfreundlich, energiesparend und gesellschaftlich verträglich, letztlich also „menschengerecht", und sie wird deshalb mit großer Wahrscheinlichkeit auch unsere sozio-ökonomischen Strukturen langfristig beeinflussen.

Diese Arbeit versteht sich als allgemein verständliche Einführung in das komplexe Gebiet vermittelter Breitbandkommunikation. Sie wendet sich zum einen an den mit der Kommunikationstechnik unmittelbar befaßten Studierenden und Fachmann, zum andern aber auch an interessierte Personengruppen im weiteren Umfeld moderner Telekommunikation, die sich als Nutznießer oder Betroffene der sich abzeichnenden Entwicklungen verstehen.

Mein Dank gilt den Fachkollegen, die mit sachkundiger Kritik und hilfreichen Anregungen zum Entstehen des Buches beigetragen haben. Darüber hinaus sei dem Hause Siemens gedankt für die wohlwollende Unterstützung und schließlich dem Springer-Verlag für die Sorgfalt der Ausführung.

Gräfelfing/München, im November 1986　　　　　　　　　　K. Fischer

Inhaltsverzeichnis

Kommunikation und Gesellschaft 1

Grundstruktur eines Kommunikationssystems 5

Das sensorische System des Menschen 9
    Allgemeine Betrachtungen zur Sinnesphysiologie 9
    Der Gesichtssinn 10
    Der Gehörsinn 12
    Der Tastsinn 14
    Bewertung der Sinnesmodalitäten 14

Mensch-zu-Mensch-Kommunikation 17
    Verbale Kommunikation 17
    Nichtverbale Kommunikation 19
    Supplementäre Informationsmittel 21
    Mehrdimensionale Informationsaufnahme 22

Das Informationsmedium Bild 25
    Qualitative Wertung des Bildinhaltes 25
    Quantitative Wertung des Bildinhaltes 29

Bestandsaufnahme technischer Telekommunikationssysteme . . . 31
    Allgemeine Aufgabenstellung 31
    Sprachkommunikation 33
    Textkommunikation 34
    Festbildkommunikation 36
    Mensch-Maschine-Kommunikation 37
    Zusammenfassende Wertung 39

Entwicklungstendenzen technischer Kommunikationssysteme . . . 41

Retrospektive Betrachtung 41
Von der Analog- zur Digitaltechnik 43
Vom Kupferkabel zum Lichtwellenleiter 45
Von der Sprach- zur Bildkommunikation 48
Von dienstspezifischen zu diensteintegrierenden
Kommunikationsnetzen 51

Grundlagen der Bewegtbildübertragung 55

Allgemeine Aufgabenstellung 55
Analoge Bewegtbildübertragung 56
Digitale Bewegtbildübertragung 58
Bitratenreduktion 60

Endgeräte der Bildkommunikation 63

Übersicht 63
Optogeometrische Gestaltung 64
  Dialogmodus 64
  Bildschirmformat 66
  Dokumentenmodus 67
Sprachkommunikation 68
Endgerät für geschäftliche Kommunikation 69
Bildkommunikationsanlage für das Heim 71
Bildkonferenzstudio 72

Netztechnische Aspekte der Bildkommunikation 75

Allgemeines 75
Teilnehmeranschluß 76
Vermittlungseinrichtungen 78
Übertragungsnetz 80
Probleme der Standardisierung 84

Wege zum Breitbandkommunikationsnetz 87

Finanzierung 87
Tarifierung 88
Einführungsstrategie 89

Nutzungsaspekte der Bildkommunikation 93

    Vorbemerkungen 93
    Dialogorientierte geschäftliche Kommunikation 94
        Ausgangssituation 94
        Bildkommunikation und Fernsprechen 97
        Bildkommunikation und Besprechung 99
        Bildkommunikation und geschäftliche Reisen 100
    Dialogorientierte Privatkommunikation 102
        Ausgangssituation 102
        Nutzungsszenarien 103
        Schutz der Privatsphäre 105
    Interaktiver Abruf von Informationen 106
    Verteilung von Programmen und Informationen 108
    Schnelle Datenübertragung 111
    Zusammenfassende Wertung 112

Sozio-ökonomische Wirkungen der Bildkommunikation 115

    Ausgangssituation 115
    Bildkommunikation und Dezentralisierung 117
    Bildkommunikation und Verkehr 118
    Bildkommunikation und Heimarbeitsplatz 121

Schlußbetrachtung 125

Literaturverzeichnis 128

Sachverzeichnis 129

Kommunikation und Gesellschaft

„Kommunikation" ist die „soziale Interaktion zwischen mindestens zwei Information produzierenden bzw. rezipierenden Partnern". Anders ausgedrückt, bedeutet „kommunizieren" das Austauschen von Nachrichten oder Informationen, wobei sich auch dieser Begriff einer Definition entzieht, die alle Anwendungsbereiche und Inhalte einschließt. Ebenso sagt die klassische Erklärung, nach der „Information" weder unter Energie noch unter Materie einzuordnen ist, nichts aus über das Wesen der Information. In der Regel kommunizieren wir mit der Absicht, beim Empfänger eine „Veränderung seines Wissensstandes" zu bewirken. Dies braucht nicht immer einer qualitativen Bereicherung gleichzukommen; denn wir sind auch Empfänger von Fehlinformationen oder das Ziel von Indoktrinationen.

Kommunikation ist eine Grundbegabung des Menschen. Zu ihrer Ausübung bedurfte es neben der Gestik allerdings erst der evolutionären Entstehung eines Laute artikulierenden Sprachorgans und eines geeigneten rezeptiven Systems. Die Fähigkeit, auch über Raum und Zeit hinweg zu kommunizieren, setzte anschließend das Beherrschen bildhafter Darstellungen und eines aus den Elementen eines Alphabets bestehenden Schriftbildes voraus. Schließlich war es die Erfindung des Buchdrucks, die von der bis dahin elitären Nutzung des Kommunikationsmittels „Schrift" zu einer explosionsartigen Verbreitung von Wissen führte. Heute nimmt eine große Vielfalt von materiellen und immateriellen Medien diese Wissensvermittlung wahr.

Ein umfangreiches Wissen zu haben gilt als höchst bemerkenswerte Eigenschaft, die nach Francis Bacon „Macht" bedeutet und dem Wissenden kraft seines überlegenen Kenntnisstandes zukommt. Jedes Wissen verschafft Vorteile, die – geschickt genutzt – letztlich zur Überlegenheit in den verschiedensten Bereichen und Situationen führen können. Wissen bedeutet nicht nur „abrufbare Information", sondern ist auch Voraussetzung eines das Überleben sichernden, perzeptiven Warnsystems.

Erst die Kommunikationsfähigkeit des Menschen und sein Drang zur Wissensvermehrung waren es, die gesellschaftliches Zusammenleben ermöglichten. So konstituierten sich schließlich historisch gewachsene

Gruppen zu Gesellschafts-, Staats- oder Wirtschaftsformen mit den ihnen eigenen Ordnungsprinzipien. Diese Fähigkeit zur Kommunikation wurde damit aber zur unabdingbaren Voraussetzung für das Bestehen und Funktionieren komplexer Industriegesellschaften und mehr noch für die sich abzeichnenden nachindustriellen Organisationsformen. Die Information wurde zum Produktionsfaktor, dem eine ähnliche Bedeutung zukommt wie heute dem Energieproblem oder der Rohstoffsituation. Höhere, komplexere und dynamischere Gesellschaftsstrukturen stellen naturgemäß auch höhere Ansprüche an die Infrastruktur der Kommunikationssysteme, die sich in ihrer Notwendigkeit und Bedeutung mit Straßen-, Eisenbahn- und Energieversorgungsnetzen vergleichen läßt.

Die Bedeutung eines leistungsfähigen Kommunikationswesens geht allein schon daraus hervor, daß zwischen dem Bruttosozialprodukt eines Landes und dessen Versorgungsgrad mit Kommunikationsmitteln ein enger Zusammenhang besteht. Die Regressionsgerade beider Größen weist aus, daß die Sprechstellendichte langfristig sogar stärker zunimmt als das jeweilige Bruttosozialprodukt. Offensichtlich brauchen hochentwickelte Volkswirtschaften, um weiter wachsen zu können, entsprechende Kommunikationsinfrastrukturen; auch im privaten Bereich leistet man sich mit steigendem Wohlstand zusätzlichen Aufwand für Kommunikationsdienste. Effiziente Kommunikationsinfrastrukturen werden damit zur unabdingbaren Voraussetzung für die Sicherstellung eines angemessenen Lebensstandards innerhalb unseres weltmarktorientierten Wirtschaftssystems.

Die technischen Telekommunikationseinrichtungen befinden sich heute überwiegend im Besitz staatlicher Institutionen, denen das alleinige Recht zu deren Betrieb eingeräumt wird. Dieses Recht schließt aber auch Pflichten ein, z. B. alle Ausgaben durch entsprechende Einnahmen zu decken und allen, auch unwirtschaftlichen Teilnehmern im gesamten Versorgungsbereich den Zugang zu den Kommunikationsnetzen zu ermöglichen. Diese monopolartige Stellung ist natürlich nicht unwidersprochen, wohl aber auch eine notwendige Konstruktion für das Aufgreifen und Durchführen technischer Innovationsschritte mit Investitionssummen in Höhe von Hunderten von Milliarden – Beträgen, die normalerweise die Finanzkraft privatwirtschaftlicher Unternehmen übersteigen.

Trotz eines überwiegend positiven Grundkonsenses in Sachen Kommunikation bewegt sich die Diskussion um ihre weitere Zukunft zwischen gänzlicher Zustimmung und Ablehnung, wobei gleichermaßen Brems- und Triebkräfte wirksam werden. Natürlich muß ein künftiges Kommunikations- und Informationsangebot die Möglichkeiten, aber auch Grenzen der menschlichen Fähigkeit zur Informationsaufnahme und -verarbeitung berücksichtigen, da der Mensch bekanntlich bei einer Reizüberflutung oder einem unkontrollierten Informationsangebot zu Orientierungslosigkeit und Destabilisierung neigt. Es ist eine weite Kreise einbeziehende gesellschaftspolitische Aufgabe, den Nutzen und die Chancen, aber auch die Risiken und Gefährdungspotentiale einer künftigen Kommunikationstechnik kritisch und verantwortungsvoll gegeneinander abzuwägen, um notfalls frühzeitig korrigierend in den Entwicklungsprozeß eingreifen zu können mit dem Ziel, die weiteren Entwicklungsschritte in Richtung einer leistungsfähigen Informationsgesellschaft zu lenken.

Grundstruktur eines Kommunikationssystems

Jedes Kommunikationssystem läßt sich, wie im Bild dargestellt, abstrahieren in die Quellen und Senken von Information, einen Übertragungskanal für den Transport der Information und einen gemeinsamen Zeichenvorrat für die beteiligten Partner. Der Zeichenvorrat setzt sich im allgemeinen aus einer endlichen Anzahl von geordneten Elementen eines Alphabets, von Ziffern und auch bildhaften Elementen und Formen zusammen. Auf diesen Vorrat von Zeichenelementen, der zum Teil angeboren ist, zum überwiegenden Teil jedoch erlernt werden muß, greifen sowohl der sendende als auch der empfangene Kommunikationspartner zu. Existiert kein gemeinsamer interpretierbarer Zeichenvorrat, so scheidet natürlich eine unmittelbare Verständigung aus, es sei denn, ein Dritter, der beide individuellen Zeichenrepertoires kennt, sorgt für eine entsprechende gegenseitige Übersetzung.

Während des Kommunikationsprozesses übernehmen beide Teilnehmer wahlweise die Rolle der Informationsquelle oder -senke. Zu berücksichtigen sind aber auch jene Fälle, bei denen an die Stelle einer Person eine informationsverarbeitende Maschine tritt oder sowohl die Quelle als

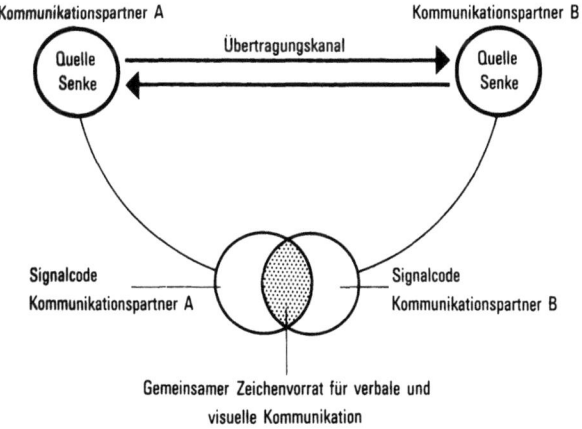

Schema eines Kommunikationssystems

auch die Senke durch Maschinen repräsentiert wird. Der Begriff der Kommunikation schließt also – entgegen seiner ursprünglichen Bedeutung – auch den Fall der Mensch-Maschine- bzw. Maschine-Maschine-Beziehung mit ein.

Welche Medienformen eignen sich nun im einzelnen für eine interpersonelle Informationsübermittlung? Es ist ein vielfältiges Angebot an Kommunikationsformen, für das sich folgende Klassifizierung anbietet:

Sprache: Akustische Wiedergabe von Sachverhalten und Emotionen.
Text: Eindimensionale geordnete Niederschrift verbaler Ausführungen.
Daten: Gruppen von Ziffern, von Buchstaben und Symbolen zum Zwecke der Informationsverarbeitung; als Untermenge des Textes aufzufassen.
Grafik: Mehrdimensionale Wiedergabe eines meist aus Zeichenelementen strukturierten Sachverhaltes zum Erreichen größerer Anschaulichkeit.
Bild: Mehrdimensionale, optisch wahrnehmbare Darstellung natürlicher, technischer und abstrakter Gegenstände oder Sachverhalte.
Bewegtbild: Wie Bild, jedoch unter Einbeziehung der zeitlichen Komponente, also der Veränderung der räumlichen Zuordnungen.

Welche Kommunikationsform aus diesem Angebot im einzelnen gewählt wird, bestimmt letztlich die jeweilige geschäftliche oder private Situation und der aus dieser Situation heraus beabsichtigte Zweck. Generell gilt natürlich, daß Kommunikation immer nur so viel wert ist, wie die eingesetzten Mittel an Information bieten können.

Bei einem Kommunikationsvorgang unterscheidet man zwischen mehreren Betriebs- und Verhaltensweisen, beispielsweise zwischen einer gleichzeitigen, einer wechselseitigen und auch einer einseitigen Informationsübermittlung. „Gleichzeitig" entspricht bei diesem Ordnungsschema der Dialogform, „einseitig" dem unidirektionalen Monolog und „wechselseitig" dem alternativen Richtungswechsel zwischen beiden beteiligten Partnern. Die Betriebsweise ist auch das Charakteristikum für die beiden substantiell unterschiedlichen Kommunikationskategorien – die „Individualkommunikation" und die „Massenkommunikation".

So entspricht die Individualkommunikation einem exklusiven Dialog zwischen zwei Partnern eines in der Regel großen Kollektivs. Hierzu bedarf es eines vermittelnden Kommunikationsnetzes, das die jeweilige Zuordnung der Partner trifft. Für die Massenkommunikation als der typischen Monologform steht stellvertretend der im allgemeinen durch öffentlich-rechtliche Anstalten gebotene Hör- und Fernsehrundfunk, bei dem von einer Quelle aus alle gleichberechtigten Empfänger mit den jeweils gleichen Informationen gleichzeitig versorgt werden.

Die weiteren Untersuchungen beschränken sich auf die künftigen Formen exklusiver, also vermittelter Individualkommunikation in diensteintegrierenden Netzen. Inwieweit es sinnvoll ist, auch die durch Fernseh- und Hörrundfunk repräsentierten Verteildienste mit in ein Universalnetz zu integrieren, soll am Rande untersucht und bewertet werden. Zunächst gilt es aber, den bislang überwiegend nur abstrakt behandelten Kommunikationsprozeß im einzelnen zu analysieren und daraus neue wünschenswerte, kommunikativen Nutzen stiftende Formen der Informationsübermittlung abzuleiten.

Das sensorische System des Menschen

Allgemeine Betrachtungen zur Sinnesphysiologie

Das Beurteilen unserer Kommunikationsfähigkeiten setzt zunächst eine Grundkenntnis der Funktion und Leistung unserer menschlichen Sinnesorgane voraus. Dieses perzeptive System verhilft uns vorrangig dazu, uns in einer sich ständig ändernden Umwelt zu behaupten. Das System der Sinnesorgane dient heutzutage aber weniger der Überlebenssicherung, sondern vielmehr der geistigen und materiellen Wahrnehmung und Durchdringung unserer Welt, damit wir sie begreifen, verstehen und kontrollieren.

Zunächst die Prinzipien der bei einem Kommunikationsvorgang beteiligten Sinneswahrnehmungen: In Anlehnung an die bis in die Antike zurückreichende Klassifizierung sind dies vor allem der Gesichtssinn, der Hörsinn und der Tastsinn. Die Kenntnis um unsere Umwelt erfahren wir nicht ganzheitlich, sondern über jeweils spezialisierte Sinnesorgane. Dabei aktivieren äußere Reize konzentriert angeordnete oder über den Körper verteilte spezifische Rezeptoren, die diese Reize mittels komplexer chemischer oder physikalischer Prozesse in entsprechende elektrische Aktionssignale umsetzen. Die Signale gelangen über das Zentralnervensystem einmal zu peripheren, reflexartig reagierenden Schaltstellen, zum weitaus überwiegenden Teil aber zum Gehirn, das sie bewußt verarbeitet.

Da das Angebot äußerer Reize stets extrem hoch ist, bedarf es komplexer Vorverarbeitungs- und Verarbeitungsprozesse zur Selektion der jeweils relevanten Informationsanteile. Dabei erreichte im Lauf seiner artgeschichtlichen Entwicklung das menschliche System – Rezeptor, Zentralnervensystem und Gehirn – die Fähigkeit, aus Millionen innerhalb einer Zeiteinheit aufgenommenen Umweltsignalen einen für das Bewußtsein letztlich bedeutsamen, aber ausreichenden Bitstrom geringer Rate herauszufiltern. Diese vielfältigen, von außen angestoßenen Sinnesempfindungen bilden wir dann aufgrund unserer erlernten oder erfahrenen Fähigkeiten in bewußt subjektive Wahrnehmungen ab, die wir im allgemeinen wiederum zu zielgerichteten Aktionen umsetzen. Die Ergebnisse dieser Verarbeitungs-, Zuordnungs- und Abbildungsprozesse geben wir daraufhin als Anweisungen an die ausführenden motorischen Körperorgane des sprachlichen, gestischen und mimischen Bereichs aus, können uns aber auch nur als Anstoß zu reflektierenden Gedankengängen dienen.

Mit unseren Augen sehen wir beispielsweise nur mittelbar, unmittelbar dagegen mit dem Gehirn; anders ausgedrückt: Erst die aus den Umweltreizen abgeleiteten Aktionssignale lösen in der Großhirnrinde bildhafte Vorstellungen, Mustererkennungs- und Vergleichsoperationen aus, die letztlich zur bewußten Wahrnehmung eines Bildeindrucks führen. Unsere Erkenntnisse über die Sinnesphysiologie und Sinnespsychologie des Sehvorgangs, aber auch der akustischen Informationsverarbeitung sind allerdings noch unvollkommen, da sich die Wahrnehmungsprozesse vielfach objektiven naturwissenschaftlichen Modellvorstellungen entziehen.

Der Gesichtssinn

Die Sinnesmodalität des Sehens macht die uns umgebende lebendige und tote Umwelt nach Helligkeit, Farbe und Form erfaßbar. Voraussetzung dafür ist, daß im Bereich des sichtbaren Lichts – eines nur schmalen Ausschnitts des gesamten elektromagnetischen Spektrums – die einzelnen Objekte emittieren oder reflektieren. Im Auge werden, ähnlich wie in einer Kamera, diese Objekte über Pupille, Linse und Glaskörper auf eine lichtempfindliche Schicht, die Retina, projiziert, wobei zusätzliche Akkomodations- und Adaptionsmechanismen für die optimale Schärfe und Helligkeit sorgen. Die Retina ist dicht mit Fotorezeptoren besetzt, und zwar mit etwa 125 Millionen Stäbchen für unbuntes und etwa sechs Millionen Zapfen für buntes, d. h. farbiges Sehen.

Photonen aktivieren die einzelnen lichtempfindlichen Rezeptoren, wobei ein durch den Sehpurpur gesteuerter chemischer Prozeß das Reizsignal in ein ihm entsprechendes Aktionssignal umwandelt. Die Aktionssignale der über 130 Millionen Rezeptoren gelangen in einer Pulsdichtemodulation über etwa 1 bis 2 Millionen Fasern des Sehnervs zum Gehirn. Eine so weitgehende Informationsreduktion setzt bereits eine komplexe Bewertung, Vorverarbeitung und Verschaltung durch das Auge voraus. Nur im Bereich der Sehgrube, die ausschließlich und am dichtesten mit Zapfen besetzt ist, besteht eine direkte Zuordnung zwischen Rezeptoren und Nervenfasern. Die Fähigkeit des Farbensehens basiert in Übereinstimmung mit der Dreifarbentheorie auch beim Auge

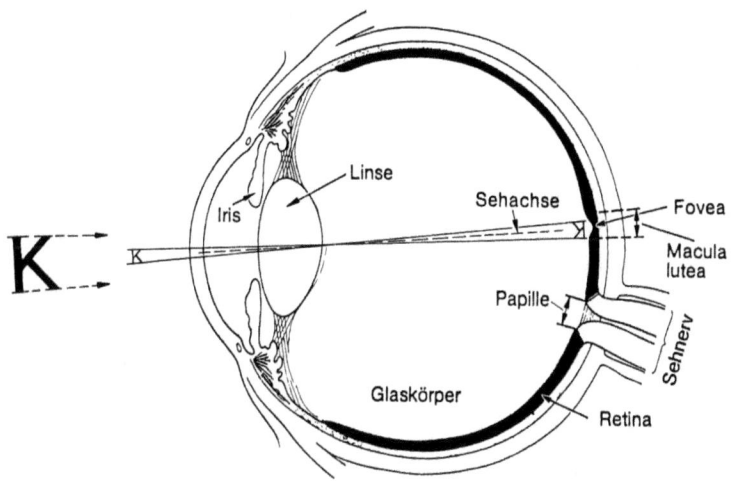

Schnitt durch das menschliche Auge

auf drei Kategorien von Zapfen unterschiedlicher spektraler Empfindlichkeit, deren Farb- und Helligkeitswerte jeweils zu einem einheitlichen Farbeindruck verarbeitet werden. Schließlich erklärt sich das uns vertraute, außerordentlich wichtige räumliche Sehen dadurch, daß die einzelnen, nicht deckungsgleichen monokularen Bilder beider Augen in der Großhirnrinde erst zu einem räumlichen Gesamtbild mit entsprechender Tiefenschärfe zusammengesetzt werden.

Zwei weitere Charakteristika der visuellen Wahrnehmung bedürfen in diesem Zusammenhang noch der Erwähnung, und zwar die räumliche und die zeitliche Auflösungsfähigkeit des Auges. So beruht das räumliche Auflösungsvermögen darauf, daß man zwei benachbarte Bildelemente gerade noch zu unterscheiden vermag oder auch als den Winkel zweier Strahlen, die man noch als getrennt wahrnimmt. Diese Fähigkeit – die Sehpunktschärfe – ergibt sich aus der geometrischen Anordnung der Rezeptoren innerhalb der am dichtesten besetzten Sehgrube und der Axiallänge des Auges, etwa eine Bogenminute.

Unter dem zeitlichen Auflösungsvermögen des Auges versteht man die Fähigkeit, einzelne aufeinanderfolgende Reize unterscheiden zu können. Dies erklärt sich aus der relativ langsamen Ablaufzeit der chemischen Prozesse, die bewirkt, daß Folgen von Einzelbildern je nach Reizintensität zu einem kontinuierlichen Bewegungsablauf zusammenfließen, d. h.

integriert werden – ein Verschmelzungsvorgang, den wir von der Kinotechnik her kennen.

Der Gehörsinn

Für unsere Kommunikation ebenso unentbehrlich wie der Gesichtssinn ist der Gehörsinn, dessen Ausfallen in der Regel zu schwerwiegenden Verhaltensstörungen führt. Aufgabe des Ohres ist es, Schallwellen, deren Verdichtungsintensität und Periodizität den jeweiligen Informationsinhalt repräsentieren, gleichfalls in entsprechende elektrische Aktionssignale umzusetzen. Das Gehörorgan selbst ist dreiteilig strukturiert, in einen äußeren Gehörgang, in das Mittelohr und in das Innenohr. Zunächst erregen die durch das Außenohr kanalisierten Schallwellen das Trommelfell, das über einen verstärkenden Hebelmechanismus aus Gehörknöchelchen auf das runde Fenster des Innenohres mechanisch einwirkt. Das spiralförmige, aus mehreren Kammern und Membranen bestehende Innenohr ist mit einer lymphartigen Flüssigkeit gefüllt. Durch diese von den Schallwellen angeregte „Flüssigkeitssäule" werden mehr als 30 000 Haarzellen des cortischen Organs mechanisch geschert und die dadurch ausgelösten Aktionssignale über etwa 20 000 Nervenfasern dem Gehirn zur Verarbeitung angeboten.

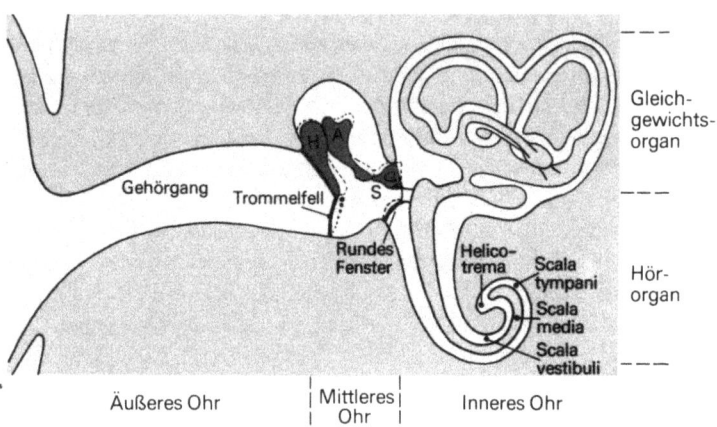

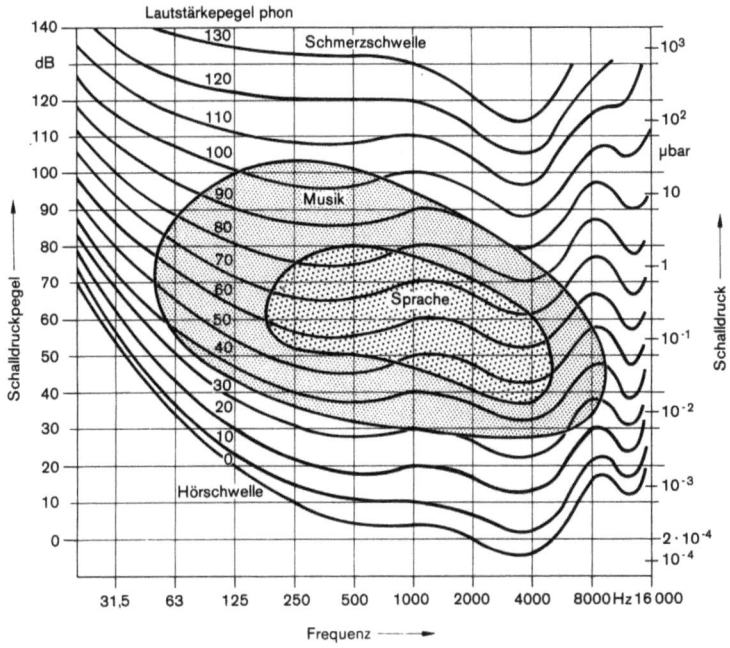

Ohrempfindlichkeit im Hörbereich

Das Erkennen der jeweiligen Tonhöhe wird durch die „Einortsthcorie" erklärt, gemäß der die ortsabhängigen Rezeptoren durch frequenz- und amplitudenabhängige Wanderwellen aktiviert werden. Diese Theorie übersieht aber, daß das Ohr nicht nur einzelne Töne, sondern auch die geordneten Frequenzgemische der Klänge und sogar ungeordneten Geräusche analysiert.

Im Bereich des hörbaren Schalls von 16 bis 20 000 Hz vermag das Ohr mehr als 800 Tonhöhen und je nach Tonhöhe bis zu 80 Verhältnisse größter zu kleinster Lautstärken zu unterscheiden. Die Kurven gleicher Lautstärkepegel zeigen zum einen eine ausgeprägte Frequenzabhängigkeit und zum andern die im Bereich um 4000 Hz größte Empfindlichkeit des Ohrs. Aus den Kurvenscharen folgt ferner, daß der Frequenzumfang unseres Sprachvermögens deutlich kleiner ist als der unseres Hörvermögens. Dies zeigt sich in der allgemeinen Erfahrung, daß unsere rezeptiven Sinnesmodalitäten in ihrer Leistungsfähigkeit den sie aktivierenden Sendern stets überlegen sind.

13

Eine letzte bemerkenswerte Eigenschaft unseres Hörsinns ist das Vermögen, räumlich zu hören und sich damit zu orientieren. Dieser Effekt ist auf das biaurale Hören zurückzuführen, bei dem die unterschiedlichen Lautstärke- und Laufzeitdifferenzen der von beiden Ohren aufgenommenen Schallwellen entsprechend ausgewertet werden.

Der Tastsinn

In seiner kommunikativen Bedeutung kann man den Tastsinn im Vergleich zum Sehen und Hören zu den „niederen" Sinnesmodalitäten rechnen. Es gibt aber viele Erscheinungen unserer Umwelt, die auf visuellem Weg allein nicht eindeutig identifizierbar und charakterisierbar sind, wie Oberflächenbeschaffenheit, Formdetails, Temperatur und Schwere. Erst mit der tastenden und fühlenden, bewegten Hand lassen sich diese vielfältigen Form- und Oberflächenmerkmale im einzelnen wahrnehmen.

Der Tastsinn gehorcht mechanischen Rezeptoren, die mit unterschiedlicher Dichte über den ganzen Körper verteilt sind, mit deutlichem Schwerpunkt allerdings im Bereich der Finger und der Handflächen. Für die unmittelbare Kommunikation hat diese Sinnesmodalität zweifellos soviel wie keine Bedeutung, wenn man von Begrüßungsritualen und der eingehenden Begutachtung von Gegenständen absieht. Zu welchen Leistungen aber der Tastsinn befähigen kann, wird uns von Erblindeten demonstriert.

Bewertung der Sinnesmodalitäten

Vergleichen wir den visuellen mit dem auditiven Informationskanal, so kommt dem Gesichtssinn eine um etwa zwei bis drei Größenordnungen über dem Gehörsinn liegende Leistung zu. In diesen Vergleich sind einbezogen die Anzahl der Rezeptoren, ferner die für den Transport der Aktionssignale verfügbaren afferenten Nervenfasern und der in Bits je Sekunde ausgedrückte Informationsfluß. Für beide Sinnesmodalitäten unentbehrlich, läßt sich dieser Informationsfluß aber nur grob abschätzen, wobei zum einen der Codierungsaufwand für Helligkeit, Farbton, Verschmelzungsfrequenz, Frequenzumfang und Lautstärke und zum andern eine mittlere, der Reizintensität entsprechende Entladungsfrequenz

Auge
Rezeptoren: >120 Millionen
Nervenbahnen: 2 Millionen
Informationsfluß: >50 Millionen bit/s

Ohr
Rezeptoren: 30 Tausend
Nervenbahnen: 20 Tausend
Informationsfluß: 30 Tausend bit/s

Charakteristika des Gesichts- und Hörsinns

zugrunde zu legen sind. Der Informationsfluß ist, wie auch immer es sei, ein Maß für die Übertragung bildhafter oder auditiver Sinnesempfindungen; bei der Diskussion entsprechender technischer Transportkanäle werden wir vergleichbaren Größenordnungen begegnen.

Überraschend ist nun, daß sich der gesamte Informationsfluß auf der Ebene der bewußten Wahrnehmung deutlich unter 100 bit/s bewegt. Psychophysische Untersuchungen, die beim Lesen und Hören von Texten gewonnen wurden, erbrachten dies. Aber auch hier bestehen noch Unklarheiten, insbesondere bei der bewußten Wahrnehmung bildhafter Darstellungen.

Gemäß der ihm eigenen Komplexität weist sich das Auge nach einem viele Millionen Jahre dauernden artspezifischen Evolutionsprozeß als das am höchsten entwickelte Sinnesorgan aus. Selbst wenn man jeglicher Bewertung skeptisch gegenübersteht, entspricht es doch unserer subjektiven Erfahrung, den Gesichtssinn über dem Hörsinn einzuordnen: Der Verlust des Augenlichts wird generell als ungleich schmerzlicher empfunden als etwa der Verzicht auf den Gehörsinn.

Trotz der außerordentlichen Leistungen des menschlichen rezeptorischen Systems – bezogen auf Wahrnehmungsschwellen und Reizintensitäten – ist die natürliche Reichweite beim zwischenmenschlichen Dialog doch nur auf wenige Meter begrenzt. Diese natürliche Reichweite auf globale Distanzen auszuweiten ist Aufgabe der Telekommunikationstechnik. Um den hierfür notwendigen Aufwand an technischen Mitteln abschätzen zu können, bedarf es zuerst noch einer vertiefenden Analyse des zwischenmenschlichen Kommunikationsverhaltens.

Mensch-zu-Mensch-Kommunikation

Verbale Kommunikation

Zum Verständnis der „Mensch-zu-Mensch-Kommunikation" gehen wir von der persönlichen Begegnung als der ursprünglichsten, unmittelbarsten und natürlichsten Form der Verständigung aus. Das komplexe Feld zwischenmenschlicher Kommunikation soll aber nicht mit den Mitteln der Wahrnehmungsphysiologie, der Linguistik oder Soziologie analysiert, sondern aus der Sicht des bloßen Teilnehmers eines künftigen Breitband-Telekommunikationssystems verstanden werden. Vor allem haben wir uns zu fragen nach den bei einer Begegnung bewußt oder auch unbewußt eingesetzten Signalen zur Informationsübermittlung und deren Effektivität, den Wissensstand oder das Sozialverhalten des Empfängers in der beabsichtigten Weise zu beeinflussen. Aus der Szene eines bilateralen Gesprächs folgt unmittelbar, daß verbale wie auch nichtverbale Signale verwendet werden. Zusätzliche informative Aufschlüsse über Inhalt und Stimmung dieser als „soziale Interaktion" bezeichneten Kommunikationssituation vermitteln die dabei gewählte Gruppierung der Partner wie auch deren Kleidung.

Zunächst ist es die Sprache, die überhaupt erst soziale Gruppierungen ermöglicht hat. Der Sprache mit ihrer nahezu unbegrenzten Darstellungsvielfalt von Sachverhalten und Emotionen fällt bei der zwischen-

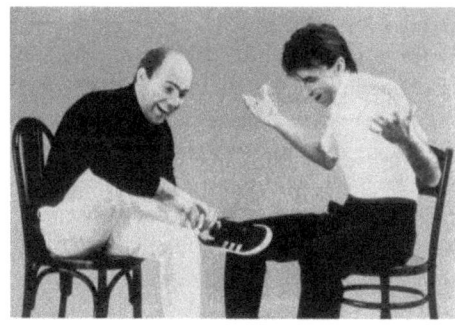

Unmittelbare Mensch-zu-
Mensch-Kommunikation

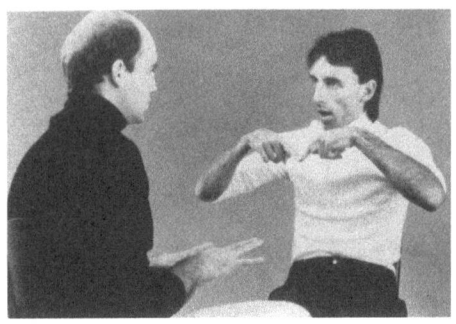
Verbale und nichtverbale Ausdrucksformen

menschlichen Kommunikation zwar die dominierende, bei weitem aber nicht ausschließliche Rolle zu. Als Basis der Kommunikation bietet sie vielfältige verbale Ausdrucksmöglichkeiten für konkrete und abstrakte Gegenstände, für Eigenschaften und Tätigkeiten, aber auch für Sachverhalte, Stimmungen, Affekte und Vorstellungen. Trotz ihrer immensen Ausdrucksbreite stützen sich die verbalen Äußerungen nur auf einen kleinen alphanumerischen Zeichenvorrat ab, der es unserem Sprechorgan erlaubt, Laute und Wörter zu artikulieren und uns die Fähigkeit gibt, die Wörter zu Sätzen zu verketten und unsere Gedanken zu formulieren – eine Fähigkeit, die allein uns Menschen vorbehalten ist. Ziel dieser „Beredtsamkeit" ist es, unser Gegenüber anzuregen, zu überzeugen und seine Gedankenwelt zu der unseren zu machen.

Voraussetzung jeglicher Kommunikation ist die Übereinstimmung der semantischen Inhalte, d. h. der Bedeutung der einzelnen Zeichen und Wörter. Sprachliche Äußerungen lassen sich aber auch differenzieren nach Lautstärke, Tonhöhe, Klangbild, Klarheit und Deutlichkeit, nach Sprechgeschwindigkeit und schließlich nach dem Gesprächsrhythmus. Alle diese ein Gespräch formenden Ausdrucksmerkmale bedeuten letztlich sprecherabhängige und situationsbedingte Zusatzinformationen. Derartige Informationsangebote sind aber nicht im einzelnen zu quantifizieren und gewähren deshalb im allgemeinen einen breiten Interpretationsspielraum. Diese Auslegungsfähigkeit erklärt auch die heutzutage zuweilen bedenkliche Entwicklung von der „Beredtsamkeit zum Verbalismus", d. h. die Vorherrschaft des Wortes über die Sache – Eloquenz, Pathos, Dramatisierung, schillerndes und blendendes Sprachniveau gegenüber schlichter Wahrheit und Sachkenntnis.

Nichtverbale Kommunikation

Bei einem Gespräch werden bekanntlich neben den verbalen auch nichtverbale, „paralinguistische" Signale ausgesendet, die in enger Beziehung stehen zu dem, was gerade gesagt wird. Verbale und nichtverbale Äußerungen laufen dabei stets gleichzeitig ab und bilden eine komplexe Abhängigkeitsfolge. Zu diesen nichtverbalen Ausdrucksmitteln zählen u. a. gestenreiche oder verhaltene Hand- und Distanzbewegungen, ein bestätigendes Kopfnicken, ein die Sache in Zweifel ziehender oder ermunternder Blickkontakt wie auch die differenzierenden mimischen Ausdrucksweisen des Gesichts – also ein umfangreiches Repertoire an Botschaften, die in enger Wechselwirkung mit den jeweiligen sprachlichen Äußerungen stehen. Das alles sind nichtverbale Botschaften, die uns in einem oft nur schwer zu entziffernden Code angeboten werden. Die Schwierigkeit, den nichtverbalen Signalen einen eindeutigen Sinn zuzuordnen, wurde als wissenschaftliches Phänomen erkannt; sie erklärt die heute weltweiten Anstrengungen, dieses Entschlüsselungsproblem zu lösen.

Welche Funktionen übernehmen diese nichtverbalen Kommunikationsanteile im einzelnen? Zahlreiche Sonderwirkungen sind es, die dem optimalen Ablauf der zwischenmenschlichen Kommunikation dienen: Vorrangig natürlich das Steuern, Kontrollieren und Beeinflussen des gesamten Frage- und Antwortspiels, allein wie der Sprechende die Reaktion beobachtet, das Sicherstellen der gegenseitigen Aufmerksamkeit wie auch das Illustrieren und Unterstreichen ebenso wie das Akzentuieren des Gesagten, aber auch das Verwenden sogenannter „Embleme", die vielfach an die Stelle von Worten treten. Das Wort ersetzt nicht immer die

Mimik als nichtverbales Ausdrucksmittel

Gestik als nichtverbales Ausdrucksmittel

Szene, und in manchen Situationen greifen wir über die verbale Äußerung hinaus einfach auch zur „großen Gebärde".

Über solche vielfältigen Funktionen hinaus „verrät" die nichtverbale Kommunikation auch die hierarchische Stellung, den Status einer Person, ebenso deren Charaktereigenschaften, wie Arroganz, Bescheidenheit und Servilität. Letztlich bestimmen verbaler Ausdruck und äußeres Erscheinungsbild zusammen die soziale Identität der kommunizierenden Partner.

Normalerweise sind verbale und nichtverbale Aussagen schwer voneinander zu trennen, und es führt deshalb gelegentlich zu Konfliktsituationen, wenn ein gesprochenes Ja einem an der Miene ablesbaren Nein entgegensteht. Dabei kann jeder eine nichtverbale Aussage ungleich schwerer manipulieren als alle verbalen.

Natürlich ist die Kenntnis des nichtverbalen Ausdrucksverhaltens kein direkter Schlüssel zum Zugang zur Seele, ebenso wie auch die Physiognomie kein eindeutiges Erfassen des Charakters herzustellen vermag – aber diese Kenntnis ermöglicht, beeinflußt und steuert in hohem Maße unser ganzes zwischenmenschliche Kommunikationsverhalten. Einen exakten „Übersetzungskatalog" für alle anwendbaren nichtverbalen Signale wird es wohl niemals geben; trotzdem ist man sich darüber einig, daß die nichtverbale Komponente des Gesprächs ein außerordentliches Gewicht an einer reibungslosen und konfliktfreien Verständigung hat.

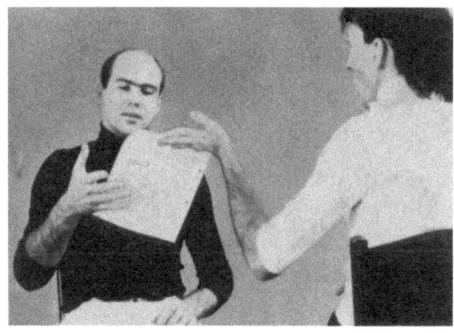

Schriftgut als Beispiel supplementärer Information

Supplementäre Informationsmittel

Die natürliche und spontane menschliche Kommunikation bedarf im allgemeinen keiner zusätzlichen technischen Hilfsmittel. So wissen wir aber aus unserer Erfahrung, vor allem aus geschäftlichen Aktivitäten, daß verbale und nichtverbale Kommunikationsmittel allein nicht ausreichen, bei schwierigen und komplexen Sachverhalten alle notwendigen Informationen vollständig, widerspruchslos und genügend schnell zwischen den beteiligten Partnern auszutauschen. Über die Kommunikationsmittel der Sprache und nichtsprachlichen Aussagen hinaus bedienen wir uns dann supplementärer, wahlweise benutzter Mittel, die zum besseren Verständnis, zur Verdeutlichung und Ausprägung schwieriger Zusammenhänge beitragen sollen. Zu diesen „additiven" Informationen zählt u. a., daß man seinem Partner ein schwieriges Problem auf einem Blatt Papier skizziert und erläutert, ihm anhand eines Modells oder Musters dessen Form oder Funktion erklärt oder ein Schriftstück über den Tisch hinweg zur Einsicht reicht. Dies alles sind wesentliche, oft sogar entscheidende Informationsangebote, die wiederum fast nur über den Gesichtssinn aufgenommen werden. Offensichtlich zwingt uns unsere begrenzte Fähigkeit, Informationen erschöpfend präsentieren, sie aufnehmen, speichern und schließlich verarbeiten zu können, auf solche wirkungsvollen Informationshilfen zurückzugreifen.

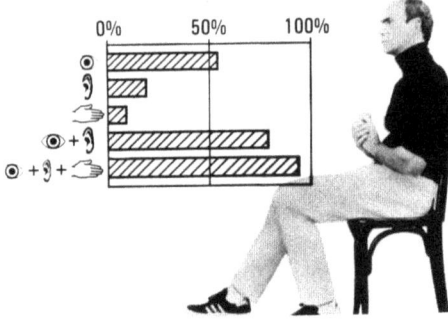

Aufnahmefähigkeit des Menschen bei einzelner und kombinierter Inanspruchnahme der Sinnesorgane

Mehrdimensionale Informationsaufnahme

Die bisherigen Betrachtungen zur zwischenmenschlichen Kommunikation gingen von einer überwiegend eindimensionalen Gewichtung der verbalen, nichtverbalen und taktilen Komponente aus. Der überragende Stellenwert des Gesichtssinns wird zusätzlich durch die quantitative Inanspruchnahme der übrigen Sinnesmodalitäten während einer Informationsaufnahme bestätigt. Wenngleich solch eine Quantifizierung wegen der nach Inhalt und Ablauf stark unterschiedlichen Kommunikationssituationen mit großen Unsicherheiten behaftet ist, unterstreicht sie doch die dominierende Rolle des Auges.

So ließ sich nachweisen, daß bis zu 80% und mehr aller Informationen über den Gesichtssinn aufgenommen werden. Anscheinend ist die mehrdimensionale Informationsaufnahme optimal, wenn mehrere Sinnesorgane gleichzeitig oder entsprechend ihrem Leistungsvermögen beteiligt werden. Der Großteil an Informationen wird offensichtlich visuell oder kombiniert visuell und auditiv aufgenommen, wobei die eng gekoppelte Komponente des Schreibens und Zeichnens nachhaltig mit zur Vertiefung im Gedächtnis beiträgt.

Naturgemäß streuen solche Bewertungen visueller und auditiver Kommunikation relativ stark, je nachdem, ob es sich beispielsweise um eine schwierige Plandurchsprache mit viel supplementärem Informationsmaterial oder nur um einen „Smalltalk" handelt. Als „Augentiere" nehmen wir die meisten Umweltereignisse und Signale visuell auf, und es ist einfach eine Tatsache, daß die überwiegende Anzahl von Lern- und Erfahrungsprozessen und die daraus resultierenden Entscheidungen durch den Sehvorgang bewirkt werden. Daß aber ein mehrdimensionales

Angebot einer ganz neuen Qualität der Informationsvermittlung gleichkommt, beweist eindrucksvoll der Übergang vom Stummfilm zum Tonfilm und noch mehr der Übergang vom Hörfunk zum Farbfernsehen.

Als Schlußfolgerung aus den bisherigen Beobachtungen erheben wir das von der persönlichen Begegnung getragene integrierte Kommunikationsverhalten zur Norm – und wir haben dann zu fragen, wie weit diese Norm in bestehenden technischen Kommunikationssystemen bereits Berücksichtigung gefunden hat. Zuvor gilt es aber noch, auf die Rolle des Mediums Bild zur Informationsbeschaffung und -übermittlung zurückzukommen.

Das Informationsmedium Bild

Qualitative Wertung des Bildinhaltes

Die visuelle Informationsdarstellung und -übermittlung gewinnt angesichts der wachsenden Komplexität wirtschaftlicher, gesellschaftlicher und technischer Zusammenhänge immer mehr an Bedeutung. Bebilderte Tageszeitungen und Journale, Fachbücher, Prospekte, Flipcharts, Overhead-Folien, Dias, Bewegtbildszenen und vieles mehr sind aus unseren beruflichen, privaten und schulischen Aktivitäten nicht mehr wegzudenken. Die Fülle an Bildmaterial hat ein Ausmaß angenommen wie nie zuvor, und das erklärt, daß man unsere Zeit sogar ein „visuelles Zeitalter" nennt. Wenn man solch eine Bezeichnung auch für überzogen halten mag, so ist das Bild, d. h. die Illustration, doch Ausdruck unserer Zeit geworden. Ohne Zweifel ist die Visualisierung von Informationsinhalten inzwischen ein wesentlicher Faktor des Dialogs und der informationsbeschaffenden Tätigkeiten geworden.

Illustrierte Zeitschriften und Zeitungen

Wie erklärt sich diese Entwicklung und welche Weiterungen hat sie? Versuchen wir zunächst einmal, den Begriff „Bild" zu definieren und seine informationsvermittelnden Wirkungen abzuleiten. Zunächst: Ein Bild ist die „zweidimensionale Wiedergabe von Sachverhalten auf begrenztem materiellem Medium", wobei seine Inhalte von der flüchtigen Strichzeichnung bis zur Farbfotografie reichen. Diese Spannweite kann umfassen: Grafiken, Histogramme, Konstruktionszeichnungen, analytische Funktionen, Schriftgut, Tabellen, Gegenstände, aber auch Personen, Landschaften usw. Die Informationsinhalte werden zum einen systematisch aus Einzelelementen strukturiert, zum andern mit allen Freiheitsgraden gestaltet oder auch als natürliche Abbilder dargestellt. In diese Betrachtungen nicht einbezogen werden soll das Bild als Kunstwerk.

Statische oder auch Festbilder zählen zu den wirkungsvollsten Informationsquellen, zumal der Mensch es versteht – wenn wir von fotografischen Aufnahmen absehen –, trotz wachsender Komplexität seiner Umwelt diese in konkrete oder abstrakte, meist modellartige Darstellungen umzusetzen. Unser Vorstellungsvermögen kommt diesen Abstraktionsprozessen entgegen, so daß es gelingt, auch komplexe Sachverhalte – ohne daß sie die charakterisierenden Merkmale verlieren – in vereinfachter

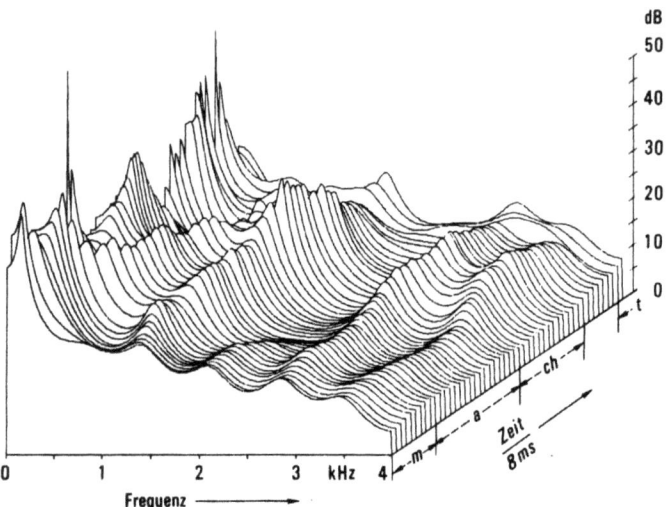

Mehrdimensionale Darstellung einer komplexen Funktion

Weise darzustellen. Die Überlegenheit der visuellen Darbietung leuchtet sofort ein, wenn man beispielsweise versucht, mehrdimensionale funktionale Zusammenhänge allein verbal verständlich zu machen!
Die visuelle Darstellung bevorzugt der Mensch von Natur aus schon deshalb, weil ihm gerade das Bild über längere Zeit hinweg präsent bleibt und ihm damit zur gedanklichen Vertiefung dient. Hingegen muß er verbal übermittelte Information, weil flüchtig, unmittelbar und meist ohne die Möglichkeit einer Rückfrage aufnehmen und verarbeiten.

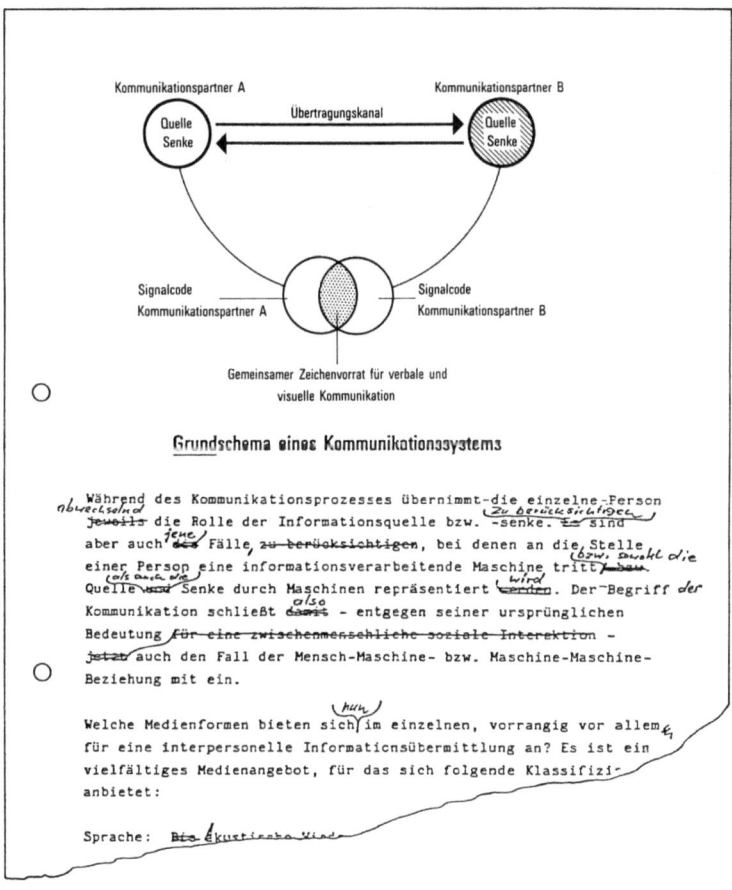

Bebilderte Textseite mit handschriftlichen Korrekturen

Hinzu kommt, daß die Wirklichkeitstreue des Bildes über der des Wortes steht. Auch das wird verständlich, wenn man eine Personenbeschreibung oder Landschaftsschilderung mit einem fotografischen Porträt oder einem (Kultur-)Film vergleicht. Die Komplexität der Groß- und Mikrotechnologie läßt sich heute mit sprachlichen Mitteln ohnehin nicht mehr verständlich machen, und so ist man in vielen Bereichen einfach auf die bildhafte Darstellung angewiesen. Selbstredend ist dabei der Kommentar oder ein erläuternder Text eine notwendige und hilfreiche Ergänzung, so daß sich eine mehrdimensionale Informationsvermittlung stets als optimal erweist. Auch die Farbe ist Information, wobei allerdings zwischen der differenzierenden, verständnisfördernden Anwendung und einer irritierenden Buntheit wohl zu unterscheiden ist.

Das Phänomen Bild entzieht sich offensichtlich einer allgemeingültigen Definition und als Folge davon auch dem quantitativen und qualitativen Informationsinhalt. Diese Unzulänglichkeit erhellt bereits aus einem handschriftlichen Text. Seine quantifizierbare Information berechnet sich bekanntlich aus den Elementen des benutzten Alphabets und deren jeweiligen Zeichenwahrscheinlichkeiten. Nicht quantifizierbar hingegen sind Semantik und Syntax, der strukturelle Aufbau eines Schriftsatzes, das kalligraphische Schriftbild, Annotationen und nicht zuletzt äußere Merkmale, wie Eselsohren und Knickfalten, schließlich auch Eigenheiten, die nur Graphologen zu deuten vermögen. Alle derartigen Charakteristika sind zwar ebenso Information, wenngleich sie gewöhnlich nur unbewußt registriert werden und im allgemeinen einen weiten Interpretationsspielraum zulassen.

Seine Vielschichtigkeit und Signalwirkung stellt das Bild in seiner sachlichen Aussage, aber auch emotionalen Wirkung über die verbale Äußerung. Hierzu ließe sich eine stattliche Reihe von Geistesgrößen zitieren, die dem Bild seine Überlegenheit bescheinigen. Letztlich räumt auch der Volksmund dem Bild eine tausendmal größere Aussagekraft ein als dem „nur gesagten" Wort. Unbestritten ist die Bedeutung und Wirkung des Bildes nicht nur für die zwischenmenschliche Kommunikation, sondern auch als eigenständiges informationsvermittelndes Medium. Und wegen seiner informativen Überlegenheit zählt das Festbild und das Bewegtbild zu den wirkungsvollsten Medien künftiger Kommunikationssysteme.

Quantitative Wertung des Bildinhaltes

Neben den qualitativen Werten des Festbildes gibt es auch quantitative, die den Aufwand für sein Darstellen, sein Kopieren, seine immaterielle Übertragung oder elektronische Speicherung ausdrücken. Als Maßgröße eignet sich hierfür die Nachrichtenmenge oder der Informationsinhalt, ausgedrückt durch die Anzahl gleich verteilter Binärsymbole in Bits, die zu seiner Beschreibung notwendig sind. Hierzu wird die Bildvorlage mit einem matrixförmigen Raster überzogen, wobei die Qualität des Gesamteindrucks vorrangig von der Feinheit oder Liniendichte der Rasterung bestimmt wird. Deren notwendiger Grad für eine ganzheitliche Bildwiedergabe leitet sich ab aus dem Auflösungsvermögen des Auges und aus dem jeweiligen Betrachtungsabstand. Auch die Lesbarkeit eines Schriftsatzes ist Kriterium der Bildqualität. Unterschreitet man bei vorgegebener Rasterung den Grenzbetrachtungsabstand, so wird die Matrixstruktur zunehmend sichtbar; bei größeren Abständen hingegen geht die Detailauflösung verloren – ein Effekt übrigens, den wir schon von der Maltechnik des Pointillismus der späteren Impressionisten her kennen.

Eine Rastertechnik liegt auch den Bildern der Tageszeitungen zugrunde, wobei der Helligkeitseindruck durch unterschiedliche Punktgrößen entsteht. Auch bei fotografischen Aufnahmen wird die Bildqualität durch die Korngröße des Filmmaterials bestimmt.

Bei der üblichen Lesedistanz von 300 mm und einer Sehpunktschärfe von 1,5 Bogenminuten errechnet sich eine Linienauflösung von etwa 0,13 mm. Als Standardwert für eine Festbildübertragung wurde eine gröbere Auflösung mit 3,85 Linien je Millimeter gewählt. Für das Format DIN-A 4 bedeutet das über 1000 Zeilen und über 800 Spalten und damit eine Gesamtpunktzahl von etwa 1 Million. Bei einer Schwarzweißdarstellung enthält diese DIN-A4-Seite immerhin eine Nachrichtenmenge von rund 1 Million bit. Liegt jedoch ein Grautonbild vor, bei dem über 200 Helligkeitsstufen zu berücksichtigen sind, so bedeutet das bei einer 8-bit-Codierung eine Nachrichtenmenge von nahezu 8 Millionen bit. Für höhere Ansprüche werden noch viel feinere Rasterstrukturen gewählt, die enorme Nachrichtenmengen repräsentieren und damit auch einen entsprechenden Aufwand für die Übertragung oder Speicherung erfordern. Auch unserem Unterhaltungsfernsehen liegt eine Zeilenstruktur mit 625 Zeilen je Bild zugrunde. Diese Zeilenzahl schreibt dann ein Betrachtungsverhältnis zwischen Bildentfernung und Bildschirmhöhe von etwa 5:1 vor.

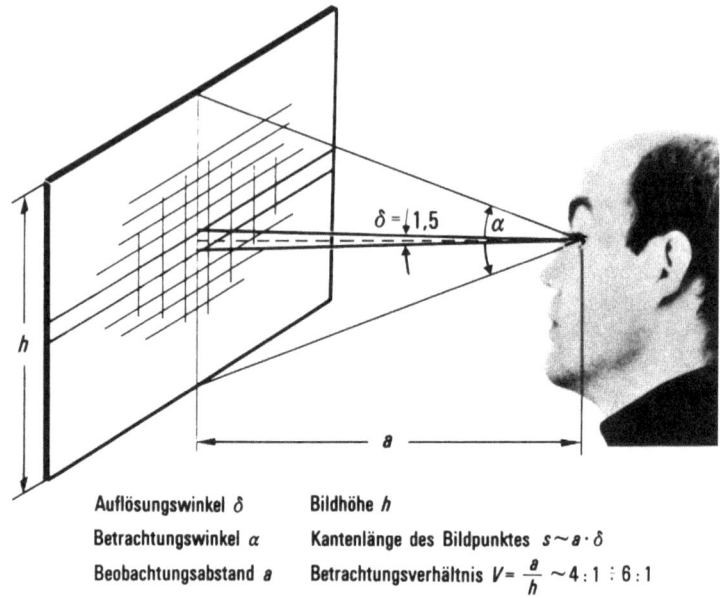

Auflösungswinkel δ — Bildhöhe h
Betrachtungswinkel α — Kantenlänge des Bildpunktes $s \sim a \cdot \delta$
Beobachtungsabstand a — Betrachtungsverhältnis $V = \frac{a}{h} \sim 4:1 \div 6:1$

Quantitative Bildbeschreibung mit Rasternetz

Farbige Bilder lassen sich bekanntlich auf die drei Primärfarben Rot, Grün und Blau zurückführen, wobei deren prozentuale Anteile jeweils die einzelnen Farbwerte bestimmen. Das unbunte Bildelement muß dann durch ein entsprechendes Farbtriplet ersetzt werden, was im Mittel einer Verdreifachung der Nachrichtenmenge des Grautonbildes gleichkommt. Durch irrelevanz- und redundanzreduzierende Methoden lassen sich diese durch Binärsymbole darstellbaren Informationsinhalte ohne Qualitätsverluste deutlich verringern. Auf die Möglichkeiten einer Reduzierung werden wir bei der Diskussion des Bewegtbildes zurückkommen.

Bestandsaufnahme
technischer Telekommunikationssysteme

Allgemeine Aufgabenstellung

Wollen wir die Kommunikation über die natürliche Reichweite unserer Sinnesorgane soweit wie nur irgend möglich ausdehnen, bedarf es zusätzlicher technischer Einrichtungen zur Übermittlung der bislang nur lokal nutzbaren verbalen und nichtverbalen Signale.

Das Verlangen nach Telekommunikation läßt sich weit in der Geschichte zurückverfolgen. Machtpolitische, militärtechnische und handelsbedingte Erfordernisse waren es, die vor allem zur Entwicklung eines Nachrichtenwesens zum Weitergeben wichtiger Botschaften beitrugen. Daß man beim Aufgreifen künstlicher Hilfsmittel zunächst auf eine optische Signalisierung mit codierter Zeichendarstellung verfiel, resultierte einfach aus der Reichweite der Augen. Die Beispiele reichen von den Fanalen der Antike bis zu den Chappeschen Semaphoren der napoleonischen Zeit, und noch heute verwendet man Wimpel- und Blinksignale in der Schiffahrt. Die internationalen Verflechtungen sind es jetzt um so eher, die leistungsfähige Kommunikationssysteme zur Sicherstellung ökonomischer Prosperität, militärischer Ausgewogenheit und interpersoneller Bindungen zwingend voraussetzen.

Die Aufgabe der „Telekommunikation" stellt sich zweifach, und zwar gilt es zum einen, die gewünschte Distanz ohne nennenswerte Qualitätseinbußen zu überbrücken, zum andern, die Übermittlungszeit möglichst zu minimieren bis hin zur Echtzeitübertragung. Hierfür bedarf es eines flächendeckenden Übermittlungssystems – eines Kommunikationsnetzes –, das den Teilnehmern eines im allgemeinen großen Kollektivs individuelle Kommunikationsbeziehungen ermöglicht. Bezüglich ihrer funktionalen Aufgaben bestehen Kommunikationsnetze aus drei Teilen: Aus den Teilnehmerendgeräten als „Netzeinstiegstelle", den Übertragungswegen für den Informationstransport und aus den vermittlungstechnischen Einrichtungen zum Herstellen der Verbindungswege.

Das Endgerät oder Terminal sendet und empfängt sowohl die für einen Verbindungsaufbau notwendigen operativen Signale wie auch die dem

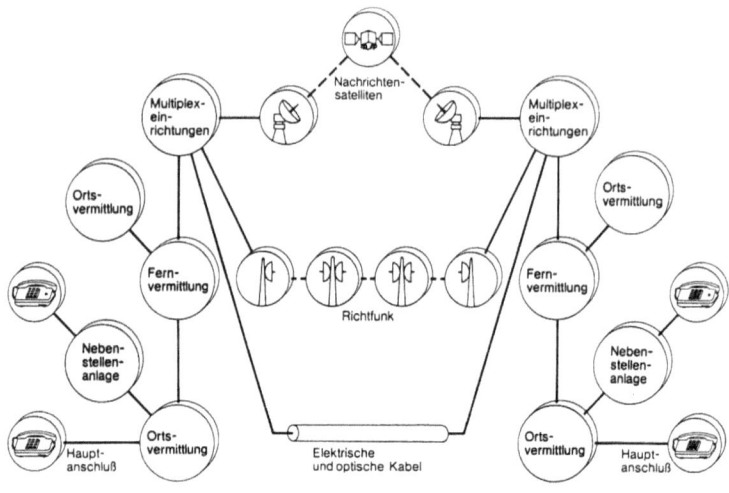

Schema eines technischen Telekommunikationssystems

jeweiligen Informationsmedium adäquaten Nutzsignale. Zwischen den beiden eine Kommunikationsbeziehung repräsentierenden Teilnehmern bedarf es jeweils eines durchgängigen, auf das Nutzsignal dimensionierten Übertragungsweges. Hierfür bieten sich eine Reihe von Übertragungsmitteln an, die von der einfachen Kupferleitung über in Multiplexverfahren genutzte Koaxialkabel, Richtfunkstrecken und Satellitenverbindungen bis hin zum Lichtwellenleiter reichen. Aufgabe programmgesteuerter Vermittlungseinrichtungen ist es wiederum, gemäß den Zielinformationen automatisch optimale Wege innerhalb des Netzes auszuwählen, sie für die Dauer der Kommunikationsbeziehung durchzuschalten und dafür leistungsgerechte Gebühren zu berechnen. Alternativ zu diesem Verfahren der Leitungsdurchschaltung wird in der Technik des Datenverkehrs auch auf ein „paketorientiertes" Vermittlungsprinzip zurückgegriffen.

Kommunikationsnetze bestehen in der Regel aus mehreren, hierarchisch gegliederten Ebenen mit stern- und maschenförmiger Topologie, wobei jeder einzelne Teilnehmer durch eine eindeutige Adresse ausgewiesen ist. Dimensioniert werden diese Netze auf eine möglichst hohe vermittlungs-, übertragungs- und verkehrstechnische Dienstgüte, damit störende Einschränkungen während des Betriebes weitestgehend unterbleiben. Die Forderung nach Individualität bedeutet gleichzeitig unbedingte Vertraulichkeit; das Gesetz verbietet unerlaubtes Mithören durch Dritte sowie mißbräuchliches Abrufen teilnehmerspezifischer, in den Vermittlungseinrichtungen gespeicherter Daten.

Sprachkommunikation

Mit dem tieferen Verständnis physikalischer Phänomene hat es nicht an Versuchen gefehlt, durch Nutzen elektrostatischer, elektrochemischer und elektromagnetischer Effekte in die Ferne zu schreiben und zu sprechen. Während Samuel Morse 1837 mit seinem Telegrafenapparat ein Nachrichtenmittel vorstellte, bei dem die Buchstaben, Ziffern und Zeichen in eine Strich-Punkt-Codierung aufgelöst wurden, war es das Ziel der Telefonie, räumliche Entfernungen mit dem audiovokalen Kanal zu überbrücken: Philipp Reis 1861 in Frankfurt und Graham Bell 1876 in Boston gelang es, die menschliche Stimme mit akustisch-elektrischen Wandlern drahtgebunden zu übertragen.

Inzwischen verfügen wir über ein weltweites Fernsprechnetz, dessen 600 Millionen Teilnehmer jährlich 850 Milliarden Gespräche führen; in der Bundesrepublik Deutschland sind es etwa 37 Millionen Sprechstellen und über 26 Milliarden Gespräche im Jahr. Allseits wird das Telefon ergonomisch, technisch und ökonomisch akzeptiert. Längst hat es den Charakter eines Statussymbols verloren und ist mittlerweile ein integraler Bestandteil unserer geschäftlichen und privaten Aktivitäten. So haben selbst fanatische Gegner des technischen Fortschritts bislang noch keine Abkehr von der Fernsprechtechnik gefordert.

Daß wir beim Telefonieren durch eine verminderte Übertragungsqualität Verluste an Sachinhalten und Emotionen hinnehmen müssen, wird uns bei der täglichen Nutzung gar nicht mehr bewußt. Aufgrund technischer Vorgaben engte man den Frequenzumfang der menschlichen Stimme auf einen Bereich von 300 Hz bis 3400 Hz ein, so daß tiefere und höhere Frequenzanteile verlorengehen. So erschwert das Fehlen der tiefen Frequenzen bekanntlich das Identifizieren des Sprechenden, während die fehlenden hohen Anteile die Silben- und Satzverständlichkeit verringern. Hinzu kommt, daß man in den weitaus meisten Fällen beim Telefon nur mit einem Ohr hört und damit keine räumliche Wirkung empfindet. Mit anderen Worten: Das Telefon überträgt zwar eine ver-

Kommunikation per Telefon

ständliche, nicht aber die natürliche Sprache. Naturgemäß gibt es beim Fernsprechen auch keine visuell einbringbaren, also nichtverbalen und sonstigen Informationsanteile.

Obwohl das Telefon bis heute in seiner Handhabung, seinem „Können" und in seiner Zuverlässigkeit riesige Fortschritte gemacht hat, ist es als Kommunikationsmittel in den letzten einhundert Jahren im Grunde doch das gleiche Instrumentarium geblieben. Seine einhellige Akzeptanz – trotz des Fehlens des visuellen Reizes – erklärt sich nicht zuletzt auch dadurch, daß es bislang einfach keine Alternative zur direkten Begegnung gab.

Textkommunikation

Wird beim klassischen, d. h. materiellen Brieftransport zwischen handgeschriebenem und gedrucktem Text nicht unterschieden, besagt der Oberbegriff „Textkommunikation" nur das Übertragen schriftlicher, aus standardisierten Symbolen des Alphabets sich zusammensetzender Mitteilungen. Die am Sender seriell, d. h. nacheinander eingegebenen alphanumerischen Zeichen werden codiert übertragen und beim Empfänger auf Papier oder (nur flüchtig) auf einem Bildschirm ausgegeben.

Die Entwicklung der Textkommunikation reicht vom Zeigertelegrafen (1847) über die elektromechanische Telexmaschine zum heutigen vollelektronischen Bürofernschreiber. Auch für Textkommunikation steht bis jetzt ein globales Netz mit rund 1,6 Millionen Teilnehmern zur Verfügung, davon etwa 160 000 in der Bundesrepublik Deutschland.

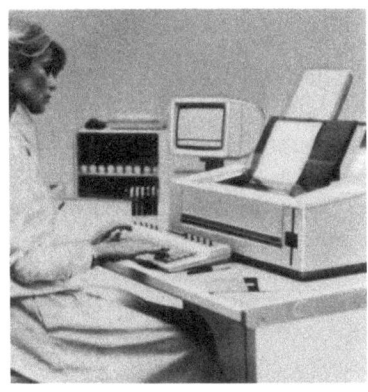
Kommunikation per Teletex

Mit dem Teletexdienst wird gegenüber dem limitierten Zeichenrepertoire von einst die volle Korrespondenzqualität moderner Bürofernschreiber geboten. Gleichzeitig hat sich die Übertragungsgeschwindigkeit von anfangs 50 bit/s auf 2400 bit/s erhöht, so daß eine DIN-A4-Seite im Mittel in zehn Sekunden übertragen wird. Zweifellos ist die Teletexmaschine ein bedeutendes Instrument zur Bürorationalisierung, da sie auch zur lokalen Textbearbeitung herangezogen werden kann.

In diesem Sinne stützt sich die Textkommunikation ausschließlich auf das jeweils verabredete Zeichenrepertoire ab; aber nur auf die Hälfte des Schriftgutes trifft diese Voraussetzung zu. So dürfen keine grafischen Elemente, Statistiken, Bildmaterial, handschriftliche Annotationen und Unterschriften in den zu übermittelnden Text eingebracht werden. Die Einbeziehung solcher individueller Merkmale verlangt eine neue Kommunikationskategorie, die Festbildkommunikation.

Die Datenkommunikation bei interaktiver Nutzung oder den Verbund von Datenverarbeitungsanlagen kann man in erster Näherung als Untermenge der Textkommunikation ansehen. Beides hat keinen unmittelbaren Bezug zum zwischenmenschlichen Dialog und gehört deshalb zur Mensch-Maschine- bzw. Maschine-Maschine-Kommunikation. Zum Übermitteln der Nachrichten bedient man sich des „integrierten Daten- und Textnetzes" (IDN) der Deutschen Bundespost, das ein breites Spektrum von Bitraten bis zur oberen Grenze von 64 000 bit/s bietet. Neben diesem leitungsvermittelnden Netz steht – wie schon erwähnt – ein spezifisch dialogorientiertes Paketvermittlungsnetz zur Verfügung.

Festbildkommunikation

Als letzte Kommunikationsform sei die Übermittlung von Festbildern betrachtet, auch Telefax, Faksimile und Fernkopieren genannt. Ihr Ziel ist der Transport natürlicher oder strukturierter Bilder im Sinne supplementären Informationsmaterials. Die ersten Ansätze dieser Technik reichen bis in das Jahr 1843 zurück, aber erst in letzter Zeit hat man ihr die einer Festbildübertragung langfristig einzuräumende Bedeutung zuerkannt.

Ausgehend von einer zweidimensionalen nichtstrukturierten Bilddarstellung läßt sich ähnlich der akustischen Übertragung auch die Bildinformation eindimensional auf der Zeitachse darstellen. Hierzu muß eine Trommel- oder Flachbetteinrichtung die Vorlage punkt- und zeilenweise lichtelektrisch abtasten und die den Helligkeitswerten analogen oder auf Schwarzweißwerte reduzierten Signale zum Empfänger übertragen, wozu das Fernsprechnetz als Transportmittel dient. Der Empfänger zeichnet das ursprüngliche Bild wieder punktweise als Schwarzweißbild oder auch Grautonbild auf. Zur papiergebundenen Wiedergabe bedient man sich unterschiedlicher Methoden, wie Tintendruck, aber auch elektrografischer oder thermischer Verfahren. Die Bildqualität und die Übermittlungszeit hängen von der gewählten Auflösungsschärfe und der Bandbreite des Übertragungskanals ab. Bei etwa vier Zeilen je Millimeter werden je nach gewünschter Güteklasse für eine Dokumentenübertragung Zeiten von drei Minuten bis zu einer Minute erreicht. Fotografische

Kommunikation per Faksimile

Faksimiles oder auch Farbbildübertragungen sind noch auf wenige Sonderfälle beschränkt und verlangen einen entsprechend hohen apparativen Aufwand.

Der gegenwärtige Stand der Festbildübertragung steht einer breitgestreuten Anwendung noch entgegen und erklärt auch die Diskrepanz zwischen lokaler und telekommunikativer Nutzung des Mediums Bild. Deshalb konzentrieren sich die Entwicklungsarbeiten hier auf leistungsfähige, bequem zu bedienende und kostenattraktive Geräte, um der zweifellos effektiven Kommunikationsform Festbildübertragung zum Durchbruch zu verhelfen.

Mensch-Maschine-Kommunikation

Entgegen der ursprünglichen, personenbezogenen Definition läßt sich der Begriff Kommunikation auch auf den Fall anwenden, bei dem eine Maschine die Funktion eines Partners übernimmt. Mit dem Vordringen dezentraler Informationsbearbeitung gewinnt dieser Mensch-Maschine-Dialog nicht nur an Bedeutung; er wird langfristig geradezu das Gesicht unserer Arbeitswelt bestimmen. Das Ausmaß dieser Entwicklung erhellt daraus, daß schon heute bei informationsorientierten Unternehmen im Mittel zwei Angestellte sich in einen Bildschirmarbeitsplatz als repräsentativen Vertreter dieser Dialogform teilen.

Bei einem solchen interaktiven Mensch-Maschine-Dialog werden die Informationen meist über Tastaturen, aber auch über Positionierungsmittel, wie Lichtgriffel, Rollkugel, berührungssensitive Bildschirme und optische Leseeinrichtungen eingegeben oder schließlich auch über Kommandos einer Spracheingabe mitgeteilt. Zur Ausgabe immaterieller Informationen bedient man sich unterschiedlicher Displaytechniken, wobei vorrangig noch die Elektronenstrahlröhre dominiert. Aber auch für eine papiergebundene Ausgabe stehen zahlreiche Druckverfahren zur Verfügung.

Bei der Datenausgabe herrscht die alphanumerische Darstellung vor, obwohl neuere Entwicklungen mehr und mehr auf die Einbeziehung grafischer Elemente oder auch eines strukturierten Festbildes abzielen. Ganz offensichtlich gewinnt auch bei der Mensch-Maschine-Interaktion die bildhafte Darstellung an Gewicht, da die Fähigkeit des Menschen, ständig nur alphanumerische Daten und Texte abzulesen und zu verarbeiten, begrenzt zu sein scheint.

Im Gegensatz zur menschlichen Begegnung mit all ihren individuellen Ausprägungen im Sprachlichen, Mimischen, Handschriftlichen und Gestalterischen ist der Mensch-Maschine-Dialog auf weitestgehend formalisierte und formatierte Ausdrucksmittel beschränkt. Hinzu kommen vielfach Erschwernisse, wie das Lesen vor dunklem Hintergrund, eine Bevorzugung der Großbuchstabenschreibweise, das Erlernenmüssen eines standardisierten Schriftbildes im Falle einer handschriftlichen Eingabe und schließlich ein noch stark eingeschränktes verbales Befehlsrepertoire. Angesichts dieser Vorgaben ist man fast geneigt, heute noch von einer „Domestizierung des Menschen durch die Maschine" zu sprechen.

Die um den Bildschirmarbeitsplatz sich rankende Problematik ist auch Ursache für die immer noch anhaltende kritische öffentliche Diskussion. Ein vielversprechendes Technologieangebot und ein konsequentes Human-Factor-Engineering, das alle anthropometrischen, physiologischen und psychologischen Einflußgrößen ausreichend berücksichtigt sowie eine Bedienerführung vorsieht, läßt sicherlich noch deutliche Verbesserungen in der Gestaltung dialogfähiger Datenendgeräte erwarten. Lösungsansätze in Richtung einer effektiven, zuverlässigen und benutzerfreundlichen Mensch-Maschine-Adaption zeichnen sich bereits ab.

Die Mensch-Maschine-Kommunikation unterscheidet im allgemeinen nicht zwischen lokaler Nutzung und einer Fernübertragung, denn das Datenterminal bedarf jeweils der gleichen prozeduralen Handhabung, unabhängig von der Entfernung zur informationsverarbeitenden Maschine.

Mensch-Maschine-Kommunikation am Bildschirmarbeitsplatz

Zusammenfassende Wertung

Diese Bilanz über die heutigen öffentlichen Telekommunikationsmöglichkeiten für Sprache-, Text- und Festbildübertragung galt den von ihrem Nutzen und ihrer Verbreitung her wichtigsten Kommunikationsformen. Andere sprach- und textorientierte Dienste, wie Mobilfunk und Bildschirmtext, bleiben wegen ihrer vorerst noch geringeren Verbreitung unberücksichtigt. Inwieweit deckt nun das Angebot an technischer Kommunikation den durch die persönliche Begegnung vorgegebenen mehrdimensionalen Informationsaustausch ab? Ein Vergleich zwischen lokaler persönlicher und distanzüberbrückender technischer Kommunikation

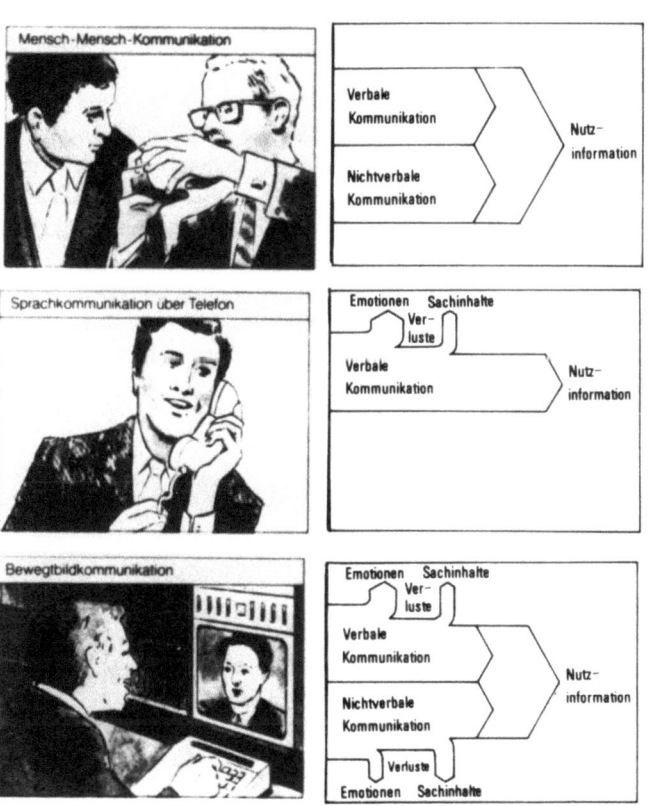

Charakteristika unmittelbarer und telekommunativer Kommunikation

offenbart sofort die entscheidende Schwachstelle, nämlich das Fehlen eines leistungsfähigen visuellen Kanals.

In der Darstellung wird der Einfachheit halber von einer gleichgewichtigen Verteilung der audiovokalen und visuellen Kommunikationsanteile ausgegangen. Sprachkommunikation über Telefon bedeutet zunächst den Verzicht auf alle nichtverbalen Ausdrucksmöglichkeiten und auch auf das unmittelbare Einbringen supplementärer Informationen. Die verbale Komponente der persönlichen Begegnung wird zwar durch den Fernsprechdienst hinreichend abgedeckt, wenngleich auch hier gewisse Einschränkungen hinzunehmen sind.

Dieser Vergleich zwischenmenschlicher Kommunikationsformen, der bereits die Bewegtbildkommunikation als künftige Alternative mit einbezieht, verdeutlicht schließlich auch die Grenzen jedweder technischen Kommunikation, wie sie jeweils durch die Verlustanteile an Sachinhalten und Emotionen symbolisiert werden.

So gelangen wir zu der fast trivialen Feststellung, daß alle derzeit verfügbaren technischen Kommunikationsmittel die Charakteristika der persönlichen Begegnung nicht aufzuwiegen vermögen. Wir kommunizieren letztlich wie Blinde, wie gesichtslose Wesen. Bleibt die persönliche Begegnung als wünschenswerte Zielvorgabe für die Telekommunikation aber aufrechterhalten – und es gibt keinen ersichtlichen Grund, hiervon abzugehen –, so sind nunmehr die generellen Chancen und im einzelnen die technischen, betrieblichen und ökonomischen Voraussetzungen für eine umfassende Bewegtbildkommunikation aufzuzeigen.

Entwicklungstendenzen technischer Kommunikationssysteme

Retrospektive Betrachtung

Kommunikationssysteme unterliegen einem stetigen Entwicklungsprozeß, der zum Ziel hat, die Leistungsmerkmale zu vermehren und die übertragungs-, vermittlungs- und verkehrstechnische Dienstgüte zu erhöhen. Gefördert werden diese an sich nur modifizierenden Entwicklungen durch neue technologische Errungenschaften, aber auch aufgrund teilnehmer- oder betriebsbezogener Erfordernisse. Dabei bestimmen die finanziellen Aufwendungen für einen neuen Entwicklungsschritt letztlich das Ausmaß und den Zeitpunkt des Eingriffs in ein bestehendes Kommunikationssystem. Von vornherein verbieten sich hierbei irgendwelche Zugeständnisse an nur modische Erscheinungen. Trotz aller Fortschritte bleibt die zuletzt auf die persönliche Begegnung bezogene kritische Wertung der vorhandenen Systeme natürlich bestehen. Es gilt nun, die wichtigsten erkennbaren Entwicklungstendenzen, soweit sie Inhalte und Architektur der Kommunikationssysteme der nächsten Dekaden bestimmen, zu umreißen und zu begründen. Zum besseren Verständnis seien aber zuvor noch die entscheidenden Entwicklungsschritte des letzten Jahrzehnts, soweit sie sich auf die Vermittlungs- und Übertragungstechnik beziehen, in Erinnerung gebracht.

Für die Sprach-, Text- und Datenvermittlung bedeutete der Übergang zur speicherprogrammierten Steuerung einen einer Zäsur gleichkommenden Entwicklungsschritt. Kennzeichnend war, daß die bislang fest verdrahteten, mit mechanischen Komponenten realisierten logischen Abläufe nunmehr in einer Folge von gespeicherten Programmanweisungen dargestellt werden. Diese Vorgänge beruhen hauptsächlich auf den bekannten Prinzipien der elektronischen Informationsverarbeitung – die Folge: Eine weitreichende Entmechanisierung gegenüber den konventionellen Vermittlungseinrichtungen. Ziel dieses Umbruchs in den Steuerungsverfahren war das Sicherstellen eines hohen Maßes an Flexibilität, Elastizität und Modularität, bezogen auf die Menge der teilnehmer-, betriebs- und wartungsspezifischen Leistungsmerkmale. Die Speicherprogrammierung bietet darüber hinaus die notwendige Zukunftssicherheit gegenüber den heute im einzelnen weder vom Zeitpunkt noch vom Leistungsumfang her exakt definierbaren Anforderungen künftiger Kommunikationsnetze. Parallel zu diesem im wesentlichen auf den Steuerungskomplex bezogenen Innovationsschritt wurden die Voraussetzungen und Einsatzbedingungen für ein zeitmultiplexes Durchschalten digitaler Nutzkanäle untersucht und zur Anwendungsreife gebracht.

Auf dem Gebiet der Übertragungstechnik zeichnete sich, als die vielkanaligen Trägerfrequenzmultiplexsysteme fertiggestellt waren, mit den digitalen Multiplexsystemen für symmetrische und Koaxialkabel und Richtfunkstrecken gleichfalls eine neue Ära ab. In diesen Zeitraum fallen auch die immer leistungsfähigeren Nachrichtensatelliten. Ein weiterer Schwerpunkt waren zellulare Mobilfunknetze, die eine drastische Erhöhung der bisherigen Teilnehmerkapazitäten brachten. Schließlich gelang auch der Lichtwellenleitertechnik, also der optischen Übertragungstechnik, der Durchbruch, was wiederum einer Zäsur gleichkommt.

Alle jene vermittlungs- und übertragungstechnischen Leistungen – hinzu kommt auch der Bereich der Endgeräte – haben ihre Ursache hauptsächlich in den faszinierenden Ergebnissen der Halbleitertechnologie, die heute Lösungen zuläßt, die noch vor kurzem schwer vorstellbar waren. Der Entwicklungsingenieur sieht sich in einer Ausnahmesituation: Schon seit Jahren werden ihm ständig neue Bausteine mit immer größerer logischer Mächtigkeit, kleineren Abmessungen, höherer Zuverlässigkeit und geringeren Preisen angeboten. Diese Schlüsseltechnologie der Großintegration wird auch in der näheren und ferneren Zukunft jegliches Entwicklungsgeschehen auf dem Kommunikationsgebiet beeinflussen.

Ausgehend vom jetzigen Stand und seinen sich abzeichnenden technischen und außertechnischen Aspekten sind künftige Kommunikationssysteme durch folgende Entwicklungstendenzen weitestgehend determiniert und – in Schlagworten – so zu formulieren:

Von der Analog- zur Digitaltechnik!
Vom Kupferkabel zum Lichtwellenleiter!
Von der Sprach- zur Bildkommunikation!
Von dienstspezifischen zu diensteintegrierenden Kommunikationsnetzen!

Von der Analog- zur Digitaltechnik

Sprache, Hörfunk und Fernsehen werden heute durch zeit- und wertkontinuierliche, d. h. analoge Signale repräsentiert. So setzt das Mikrofon die Schalldruckwellen unserer Stimme in analoge Strom- bzw. Spannungswerte um. Gemäß dem seit langem bekannten Abtasttheorem gelingt es, analoge Signalfunktionen zunächst als zeitdiskrete und wertkontinuierliche Signale darzustellen. Ein anschließender Quantisierungs- und dualer Codierungsprozeß setzt dann die einzelnen Abtastwerte in eine Folge von

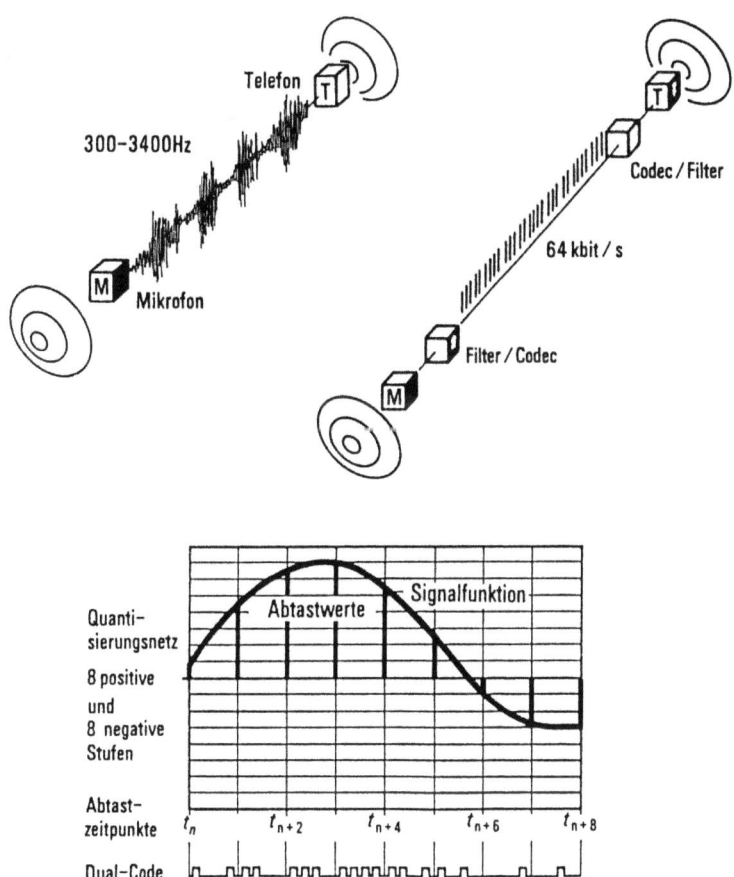

Prinzip der Digitalisierung analoger Signale

Binärzeichen mit den Werten 0 und 1 um. Trotz dieser Zeitdiskretisierung bleibt der Informationsinhalt des Analogsignals vollständig erhalten, während die Quantisierung einen durchaus akzeptablen Verlust verursacht. Voraussetzung für den breiten Einsatz digitaler Kommunikationseinrichtungen zum jetzigen Zeitpunkt war, daß es gelang, Analog-Digital-Umsetzer mit hochintegrierten Halbleiterbausteinen zu realisieren.

Worin liegt der Nutzen der Analog-Digital-Umsetzung? Sie hat eine Reihe von Vorzügen, die insbesondere in künftigen Kommunikationssystemen zum Tragen kommen. Es sind vor allem übertragungstechnische Eigenschaften, wie die Geräuschunempfindlichkeit, der Wegfall einer Geräuschakkumulation, eine entfernungsunabhängige Lautstärke und vieles andere. Eine Digitalisierung ist auch angezeigt bei modernen Übertragungsmedien, die im optischen oder Millimeterwellenbereich arbeiten, und ebenso Voraussetzung für vielfältige Aufgaben der Signalverarbeitung. Hierzu zählen u. a. Methoden der Verschlüsselung und Verschleierung von Informationsinhalten, Verfahren zur fehlererkennenden und -korrigierenden Übertragung oder die Anwendung irrelevanz- und redundanzmindernder Prinzipien bei der Bildverarbeitung. Digitale Schaltungen lassen sich besser integrieren und liegen somit im Entwicklungsrahmen der Halbleitertechnologie. Der weltweite Trend zur Digitalisierung – insbesondere der Sprachkommunikationsnetze – führt letztlich zu einer einheitlichen Signaldarstellung von Sprache, Text, Daten und Bild. Damit eröffnen sich Möglichkeiten einer weitgehenden Diensteintegration und eines Übergangs zu neuen Netztopologien.

Erkauft werden diese Vorteile durch einen größeren Bandbreitenbedarf im Vergleich zur Analogtechnik. Die Telefonbandbreite von 300 Hz bis 3400 Hz führt bei einer Abtastrate von 8 kHz und einer Quantisierung

Tabelle 1. Vergleich digitalisierter Sprach-, Musik- und Bildsignale

Signal	Höchste Frequenz des Analogsignals kHz	Abtastfrequenz kHz	Quantisierungsraster	Anzahl bit für binäre Übertragung	Bitrate kbit/s
Sprache	3,4	8	256	8	64
Musik	15	32	1024	10	320
Fernsehen	5000	13 300	256	8	80000

in 256 Stufen dann auf eine Bitrate von 64 000 bit/s. Die Bitraten der Tabelle 1 sollen lediglich die bevorstehenden Größenordnungen veranschaulichen.

Vom Kupferkabel zum Lichtwellenleiter

Die zweite, wiederum nur die Technologie betreffende Entwicklung beschreibt den revolutionierenden Wandel von der elektrischen zur optischen leitungsgeführten Übertragungstechnik. Seit den Anfängen der Nachrichtenübermittlung diente als Transportmedium der metallische Leiter, der fast ausschließlich aus Kupfer bestand. Die zahlreichen Bauformen reichten von vielpaarigen symmetrischen, im Basisband betriebenen Ortsanschluß- und Verbindungskabeln bis zu den unsymmetrischen, mit Trägerfrequenzsystemen belegten Koaxialkabeln der oberen Fernnetzebene. Charakteristisch für den metallischen Leiter ist sein ausgeprägter frequenzabhängiger Dämpfungsverlauf, so daß im höchsten benutzten Bereich von 60 MHz auf Grund des Signalrauschabstandes immerhin Verstärkerabstände von 1,5 km notwendig werden; hinzu kommen störende induktive und kapazitive Kopplungen zwischen den einzelnen Stromkreisen, die beim Dimensionieren von Übertragungssystemen berücksichtigt werden müssen.

Bei der „optischen" Übertragungstechnik tritt an die Stelle des Metalldrahtes eine haarfeine Faser aus Quarzglas als dielektrischer Wellenleiter, in dem sich sichtbares oder auch infrarotes Licht fortpflanzt. Die Zeichnung läßt erkennen, wie das elektrische Quellensignal einen optoelektronischen Wandler – lichtemittierenden Halbleiterkristall – moduliert und dessen Lichtleistung dann in die Glasfaser eingekoppelt wird. Ein lichtdetektierender Empfänger am anderen Ende – ebenfalls ein Halbleiterkristall – wandelt das Licht, also den Träger der Information, schließlich wieder in elektrische Signale zurück.

Der Lichtwellenleiter selbst wird aus hochreinem, synthetisch hergestelltem Siliziumdioxid (mit einigen speziellen Zusätzen) gezogen, also aus einem in unbegrenzter Menge verfügbaren Rohstoff. Die Anforderungen an die Reinheit des Glases verdeutlicht ein Vergleich: Normales Fensterglas würde bei einem Meter Dicke die Lichtleistung bereits auf zehn Prozent dämpfen. Der gleiche Lichtleistungsabfall dürfte beim Fasermaterial aber erst bei 5 km Dicke erreicht werden.

Jede Glasfaser besteht aus einem konzentrischen Kern, der von einem

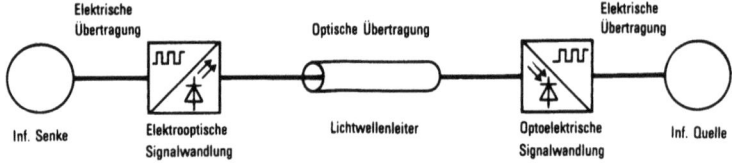

Prinzip der optischen Informationsübertragung

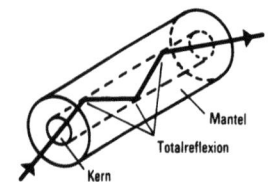

Lichttransport durch Totalreflexion

Schema eines optischen Übertragungssystems und Verlauf des Signals im Lichtwellenleiter

Mantel geringerer Brechzahl umgeben ist. Das unter einem bestimmten Einfallswinkel in den Kern eingespeiste Licht wird an der Kern-Mantel-Grenze total reflektiert, so daß es im Kernbereich verbleibt. Diesen längst bekannten Effekt nutzte man schon bei illuminierten Fontänen, wo das Licht wegen Totalreflexion ebenfalls nicht aus den Wasserstrahlen austritt.

Entsprechend dem Durchmesser des Kerns im Vergleich zur benutzten Wellenlänge unterscheiden wir zwischen Mono- oder Einmodefasern mit nur einem Modus, besonders geeignet für die Breitbandübertragung, und Multimodefasern mit Gradientenstruktur, in denen viele „Moden" ausbreitungsfähig sind. Mit weiteren Schutzmaterialien werden die einzelnen Fasern zu einem Lichtwellenleiterkabel gebündelt, dessen mechanische Festigkeit trotz des spröden Fasermaterials mit Kupferkabeln vergleichbar ist.

Die Vorteile der optischen Übertragung liegen einmal in der absolut geringen Dämpfung und zum andern in deren von der Frequenz unabhängigem Verlauf innerhalb eines weiten Bereichs. Die bei der Fortpflanzung des Lichts entstehenden Verluste durch Material- und Modendispersion, Absorption und Streuungen sind aber selbst bei hohen Bitraten so gering, daß Regeneratoren alle 30 bis 100 km genügen. Weitere

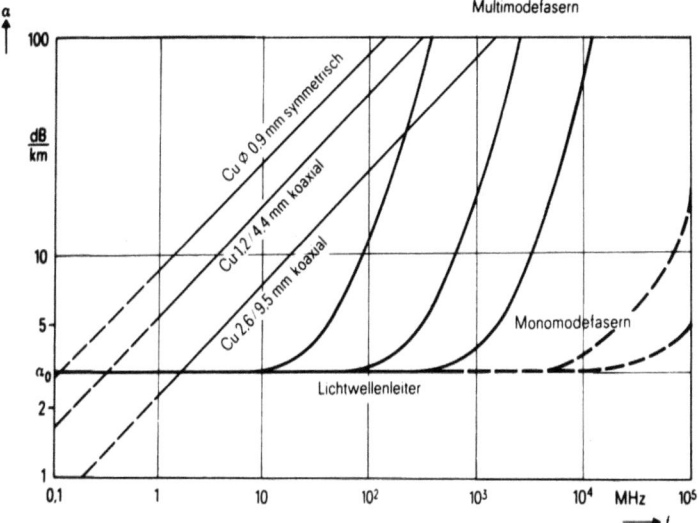

Übertragungsverhalten von Lichtwellen- und Kupferleitern

Vorzüge des Lichtwellenleiters sind seine Unempfindlichkeit gegenüber elektromagnetischen Einstrahlungen, ferner, daß er elektrisch nicht leitfähig ist, also weder Erdung noch Blitzschutz erfordert, daß es bei ihm kein Nebensprechen gibt und daß ein Abhören durch Unbefugte sich nur sehr schwer bewerkstelligen läßt.

Das Leistungsvermögen des Lichtwellenleiters ist damit aber noch nicht erschöpft, denn es können auf einer Faser mehrere, d. h. unterschiedliche Wellenlängen zum Informationstransport in einer oder auch in beiden Richtungen angewandt werden. Wir sprechen dann von Wellenlängenmultiplex. Optische Übertragungstechnik bedeutet somit das Nutzen neuer physikalischer Effekte, den Einsatz neuer Technologien und das Erschließen neuer Anwendungsgebiete. Als leistungsfähige optoelektronische Wandler dienen Halbleiterlaserdioden, Lumineszenzdioden und Fotodioden. Die Entwicklungen der „integrierten Optik" zielen darauf ab, in Zukunft optisch aktive und passive mit elektronischen Komponenten auf einem Substrat zu integrieren, um zu zuverlässigen und kostengünstigen Modulen zu gelangen.

Die Technik ist inzwischen bereits so weit fortgeschritten, daß Multiplexsysteme mit 565 Mbit/s in der Fernnetzebene in Betrieb genommen werden; Systeme mit 1,2 Gbit/s befinden sich in Entwicklung. Aber auch für die Ortsanschlußtechnik werden entsprechende Kabel konzipiert. So lassen sich Bitraten übertragen, die bei weitem das übertreffen, was mit Kupferleitern möglich ist.

Der Einsatz des Lichtwellenleiters in der Fernebene ist inzwischen schon wirtschaftlicher als das Koaxialkabel; aber auch im Teilnehmeranschlußbereich wird es zum Lichtwellenleiter künftig keine Alternative geben, wenn Bitraten im Megabitbereich zu übertragen sind. Wenngleich uns noch gewisse Entwicklungsaufgaben bei den optoelektronischen Komponenten bevorstehen, gibt es keinen Zweifel, daß die optische Übertragung das Gesicht der künftigen Kommunikationstechnik mitbestimmen wird.

Von der Sprach- zur Bildkommunikation

Aus den bisherigen Überlegungen, Bestandsaufnahmen und Beurteilungen folgert zwingend, das Medium Bild in den künftigen Kommunikationsprozeß einzubeziehen. Allerdings setzt eine Bildkommunikation voraus, erst das technisch und wirtschaftlich anspruchsvolle Problem zu lösen, bewegte Vorgänge innerhalb vermittelnder Netze zu übertragen. Die Möglichkeit, ganze Szenen aus der Ferne auf einer Projektionsfläche miterleben zu können, erfüllt einen alten Menschheitstraum – eine Vision, die Abbert Robida bereits vor 100 Jahren vorweggenommen hat.

Vision einer Bildkommunikation nach A. Robida 1883

Die technischen Anfänge reichen bis in das Jahr 1912 zurück, als A. C. Swinton seine ersten Vorschläge unterbreitete. 1929 stellte das Reichspostzentralamt auf der Deutschen Funkausstellung eine erste Fernsehsprechanlage vor und von 1936 bis 1940 wurde bekanntlich die erste öffentliche Bildkommunikationsstrecke zwischen Berlin, Leipzig, Nürnberg und München betrieben. Ein weiterer Markstein war 1972 ein versuchsweises Bildfernsprechnetz zwischen Bonn, Darmstadt und München, das von der Deutschen Bundespost und Siemens eingerichtet wurde. Große Anstrengungen hat vor allem die American Telephone and Telegraph Company geleistet, die ihren Niederschlag im „Picture-Phone" fanden; auch der Versuch einer Kommerzialisierung im Raum Chicago und Pittsburgh ist zu erwähnen. Schließlich sind die durch das BIGFON-Projekt ausgelösten Aktivitäten zu nennen. So war der Bildfernsprecher schon über Jahrzehnte hinweg eine ständige Herausforderung an die Entwicklungsingenieure, ohne daß ihnen ein technisch-wirtschaftlich entscheidender Durchbruch gelang.

Wie erklären sich nun aber die jetzt zu beobachtenden, breit angelegten Diskussionen und Aktivitäten zur Bildkommunikation? Zum einen ist es das neue, vielfältige Technologieangebot, das die Bildkommunikation aus der bisherigen Phase überwiegend von der Forschung bestimmter Arbeiten in den Bereich der praktischen Anwendbarkeit rückt; zum andern ist auch ein deutlicher Bewußtseinswandel zu registrieren im Sinne des Erkennens der künftigen Bedeutung des Mediums Bild.

Unter den Begriff der Bildkommunikation läßt sich eine ganze Palette visueller Kommunikationsformen einordnen, deren Ausmaß und Vielfalt man im einzelnen noch gar nicht zu prognostizieren vermag. Zweckmäßigerweise klassifiziert man dieses Angebot nach drei Kategorien, und zwar nach der „dialogorientierten Kommunikationsform", dann dem „interaktiven Informationsabruf" und letztlich nach der reinen „Verteilung von Informationen".

Die Dialogform wird vorrangig durch das „Bildfernsprechen" repräsentiert, das die bilaterale persönliche Begegnung ersetzt, also den Eindruck eines persönlichen Gesprächs vermitteln soll. Selbstredend schließt die Dialogform das Übertragen von ergänzendem Informationsmaterial ein: In einem „Dokumentenmodus" wird gelesen, geschrieben, betrachtet und ferngezeichnet.

Zu diesem Face-to-Face-Bewegtbild bieten sich einige Spielarten von Gruppengesprächen – im Sinne von Konferenzsituationen – an, bei denen jeweils mehr als zwei Personen beteiligt sind. So bilden bei der einfach-

Teilnehmergerät für Bewegtbilddialog und Dokumentenübertragung

sten Variante, der „Minikonferenz", je zwei bis drei Teilnehmer vor einem Endgerät eine gemeinsame Besprechungsgruppe. Bei der „Studiokonferenz" haben sich die Partner in einen speziell ausgestatteten Raum zu begeben, in dem mit Fernsehgeräten oder Großbildprojektoren eine Besprechungssituation nachgebildet wird. Eine weitere Art von Gruppengesprächen, die „Arbeitsplatzkonferenz", basiert auf dem individuellen Bildfernsprechgerät. Durch „Splitten" des Bildschirms können sich bis zu fünf Partner an verschiedenen Orten zu einer Besprechungsrunde „treffen".

Bei der Kategorie des „Informationsabrufs" übernimmt das Bildfernsprechgerät die Funktionen eines Bildschirmterminals, mit dem man sich Zugang zu Bild-, Text- und Datenbanken verschafft. Diese Betriebsweise entspricht einer interaktiven Mensch-Maschine-Kommunikation, wie sie prinzipiell durch den Bildschirmtextdienst bereits vorweggenommen wird, allerdings bei deutlich verbesserter Bildqualität mit punkt- und zeichencodierten Bildern. Dieser Qualitätszuwachs dürfte die Akzeptanz der seit einigen Jahren prognostizierten Möglichkeiten eines Ferneinkaufs, des Buchens von Reisen, des Einholens medizinischer Auskünfte u. v. a. m. zusätzlich fördern.

Was die dritte Kategorie, die „Informationsverteilung" betrifft, ermöglicht das multifunktionale Bildterminal den Zugriff zu den öffentlichen Fernsehprogrammen und Informationsdiensten. Die hohen Bitraten für eine Bewegtbildübertragung decken selbstredend auch alle extremen Anforderungen einer künftigen Datenübertragung mit ab.

Alles in allem bietet der Übergang von der bisherigen eindimensionalen Sprach- zur mehrdimensionalen Bildkommunikation mit dynamischer und Festbildpräsentation ein fast unbegrenztes Angebot von Möglichkeiten, zu kommunizieren und sich zu informieren. Nach über 100 Jahren Telefonie bedeutet dies zweifellos den Übergang in eine neue Ära zwischenmenschlicher Telekommunikation.

Von dienstspezifischen zu diensteintegrierenden Kommunikationsnetzen

Ausgehend von der klassischen Telegrafie und Telefonie läßt die vorausschaubare Entwicklung eine überaus schnell wachsende Vielfalt weiterer Kommunikationsformen erwarten. Ursache dafür ist die allgemeine Forderung, die Kommunikationsfähigkeit mit allen Medien zu verbessern. Im einzelnen sind dies höhere Leistungsfähigkeit und bessere Erreichbarkeit, dann über den reinen Informationstransport hinausgehende Wünsche nach Zwischenspeicherung und begrenzter Verarbeitung der zu übermittelnden Informationen bei gleichzeitiger Einbeziehung des Mediums Bild. Es sind zwar überwiegend kommerzielle Erfordernisse, die neue Kommunikationsformen initiieren, doch auch der Privat- wie der Bildungsbereich geben entsprechende Anstöße.

Jede Kommunikationsform wird zu einem „Fernmelde- oder Kommu-

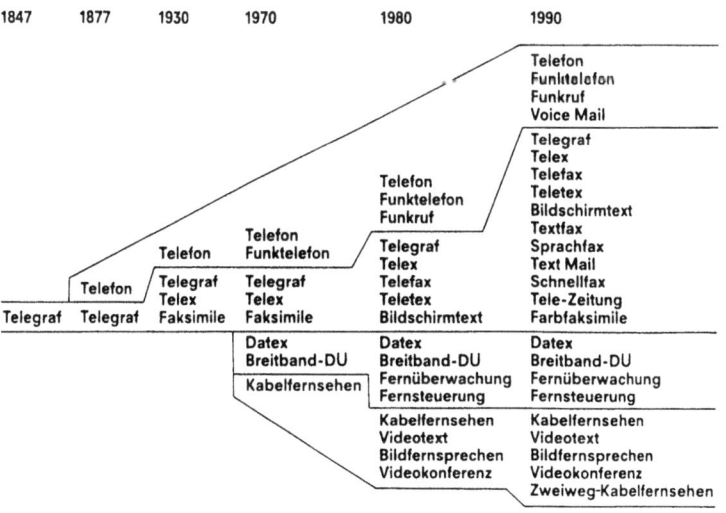

Ausweitung der Kommunikationsdienste seit 1847

nikationsdienst", wenn sie öffentlich, d. h. für alle angeboten wird, auf standardisierten Schnittstellen und Protokollen fußt und eine leistungsbezogene Tarifierung vorsieht. Dabei unterliegt natürlich jede Dienstform der harten Forderung nach Wirtschaftlichkeit. In der Vergangenheit wurde für jede der hauptsächlichen Kommunikationsformen ein eigenes, „dienstspezifisches" Netz mit hierfür optimierten Terminals eingerichtet, wie beispielsweise das Fernsprechnetz, das Fernschreibnetz oder die Datennetze für Leitungs- bzw. Paketdurchschaltung. Solche dienstspezifischen Netze sind aber nur dann wirtschaftlich zu betreiben, wenn es in jedem genügend viele Teilnehmer gibt – eine Bedingung, die eigentlich nur das Fernsprechnetz erfüllt. Allein aus dieser Überlegung heraus verbietet sich das Einrichten weiterer, nur auf eine einzige Dienstform zugeschnittener Netze.

Die Lösung des Problems liegt in einer weitgehenden Zusammenfassung unterschiedlicher Kommunikationsformen in einem einheitlichen, „diensteintegrierenden" Netz. Voraussetzung hierfür ist allerdings die Digitalisierung des gegenwärtigen Fernsprechnetzes. Dieses digitalisierte Fernsprechnetz wird die Basis für das Einbeziehen, d. h. Integrieren weiterer digitaler Text-, Daten- und Bilddienste sein. Die unter der Formel ISDN (Integrated Services Digital Network) geführten Entwicklungen zielen zunächst auf einen leistungsfähigen Teilnehmerbasisanschluß mit zwei 64-kbit/s-Nutzkanälen und einem 16-kbit/s-Signalisierungskanal ab, ohne daß Eingriffe in das existierende Kupferanschlußleitungsnetz erforderlich werden. Solch ein integrierter Basisanschluß bietet eine Fülle von Möglichkeiten zu kommunizieren, wobei sich die einzelnen Dienste jeweils in ihrer Grundform, aber auch simultan in Misch- und Kombinationsformen nutzen lassen. Beispielsweise kann man während eines verbalen Dialogs gleichzeitig einen gesprächsunterstützenden Informationsabruf tätigen oder ein Faksimilebild übertragen. Eine einheitliche Rufnummer und eine standardisierte Kommunikationssteckdose für alle Dienste sind die entscheidenden Vorteile einer derartigen Netzintegration.

Die Bitrate von zweimal 64 kbit/s reicht aber bei weitem nicht aus für eine hochwertige schnelle Festbildübertragung und noch weniger für eine Bewegtbildübertragung, die bekanntlich Bitraten von mehr als 100 Mbit/s voraussetzt. Mit diesen Bildkommunikationsdiensten stellen sich neue technologische Probleme: Vor allem bedarf es im Anschlußleitungsnetz eines breitbandigen Übertragungsmediums, für das sich der Lichtwellenleiter in geradezu idealer Weise eignet. Bezogen auf die bislang auf 64-

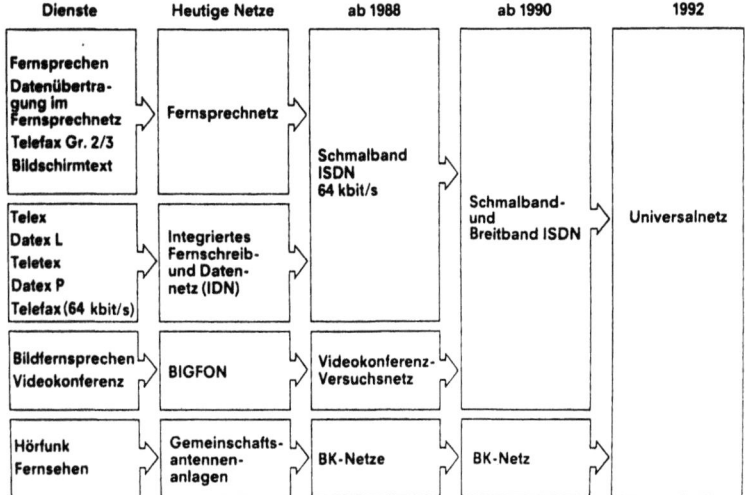

Schritte zur Integration der Kommunikationsnetze der Deutschen Bundespost

kbit/s-Kanälen abgestimmte Integration bedeutet dieser Schritt ein „aufwärtskompatibles", breitbandiges, diensteintegrierendes Netz.

Ein letzter Integrationsschritt führt schließlich zum „Universalnetz", in das auch die Dienste der Massenkommunikation, im wesentlichen das Fernsehen, einbezogen werden. Die einzelnen Integrationsschritte bauen natürlich auf dem jeweils vorangehenden Entwicklungsstand der Vermittlungssysteme auf, so daß am Ende ein alle Bedürfnisse abdeckendes, universelles Kommunikationssystem entsteht.

Der zeitliche Ablauf der einzelnen Integrationsschritte geht aus dem von der Bundesregierung, der Deutschen Bundespost und der Industrie im Jahre 1984 abgestimmten Konzept für die Weiterentwicklung der Kommunikationsdienste und -netze hervor. Aus dieser Darstellung erkennt man – ausgehend vom heutigen Zustand – die drei künftigen Integrationsstufen, wobei das aus dem BIGFON-Projekt hervorgehende Videokonferenz-Versuchsnetz nur den Charakter einer Übergangslösung hat (BIGFON: Breitbandiges integriertes Glasfaser-Fernmeldeortsnetz). Der Weg hin zu diensteintegrierenden Netzen ist eine der großen Herausforderungen an die Postverwaltungen. Je nach der nationalen Situation verfolgen sie alle ähnliche Einführungsstrategien, zumindest soweit es die erste, allerdings entscheidende Integrationsstufe zum Schmalband-ISDN betrifft.

Grundlagen der Bewegtbildübertragung

Allgemeine Aufgabenstellung

Die Entwicklung eines exklusiven Bildkommunikationssystems ist ein vielschichtiger technischer Komplex mit einer Fülle von Aspekten, die von der Ergonomie des Endgerätes über die verschiedenen vermittlungs- und übertragungstechnischen Funktionen bis zur Bildsignalverarbeitung reichen. Bildkommunikation bedeutet, die zu übermittelnde Szene mit ihrer Dynamik, ihren Helligkeits- und Farbwerten durch eine Bildaufnahmekamera zu erfassen und in elektrische Signale umzusetzen. Die Signale der Ursprungsszene werden wie bei der Festbildübertragung zeilen- und punktweise zum Empfangsort übertragen und dort von einer Wiedergaberöhre möglichst originalgetreu reproduziert. Trotz des zeitlichen Nacheinanders soll dabei ein ganzheitlicher Echtzeitbildeindruck entstehen. Hinzu kommt, daß die Luminanz- und Chrominanzwerte einen enormen Informationsfluß bedeuten, der auch über weite Distanzen und mehrere Vermittlungsknoten hinweg zum Zielteilnehmer transportiert wird.

Prinzip der Bewegtbildkommunikation

Für diese Aufgaben müssen gleichermaßen optimale technische und wirtschaftliche Lösungen gefunden werden. Natürlich sind für den ganzen Entwicklungsprozeß die jahrzehntelangen Erfahrungen, technologischen Fortschritte und auch die schon gültigen Standards des Unterhaltungsfernsehens außerordentlich hilfreich, und sie werden immer auch dann verwertet, wenn sie dem generellen Trend der Telekommunikationstechnik folgen. Eine dialogorientierte Bildkommunikation unterscheidet sich aber in vielen Details ganz wesentlich von dem uns geläufigen Fernsehen und verlangt deshalb auch gezielte, grundlegende neue Lösungsansätze. So kann und braucht vor allem der heute in den Fernseh-Aufnahmestudios übliche apparative Aufwand naturgemäß nicht jedem Teilnehmer zugemutet werden.

Analoge Bewegtbildübertragung

Die Qualität eines Bewegtbildes hängt allgemein vom räumlichen und zeitlichen Integrationsvermögen des Gesichtssinns ab. Zum einen ist es die den einzelnen Bildpunkt definierende Rasterung, ausgedrückt durch die Zeilenzahl, zum andern die Bildwechselfrequenz, die für das Ineinanderfließen der Bewegungen und das Auftreten von Flimmereffekten maßgebend ist. Mit 625 Zeilen und 25 Bildwechseln je Sekunde fand die europäische Fernsehnorm einen guten Kompromiß zwischen technischem Aufwand und Bildqualität. Diese beiden Faktoren werden auch der Bildkommunikation zugrundegelegt, damit zum einen die uns vertraute Mindestqualität erhalten bleibt, zum andern vorhandene Fernsehgeräte bei Heimgebrauch mit verwendbar bleiben und man schließlich auch an den technologischen Fortschritten des Unterhaltungsfernsehens weiter partizipieren kann.

Analoge Bildübertragung bedeutet bei der Schwarzweißdarstellung, daß die einzelnen, einen Bildpunkt beschreibenden Helligkeitswerte innerhalb eines vorgegebenen Bereichs lückenlos aufgenommen werden können. Die diesen Werten entsprechenden elektrischen Signale werden zeilenweise kontinuierlich übertragen. Das Bild fügt sich dabei aus zwei Teilbildern zusammen, die sich aus den jeweils geraden und ungeraden Zeileninhalten aufbauen. Durch dieses „Zeilensprungverfahren" wird eine Verdoppelung der Bildfolgefrequenz vorgetäuscht, was die zeitlichen Integrationseffekte deutlich verbessert. Eine solche Bildkonstruktion bedarf zusätzlicher Synchronisiersignale und eines Bezugswertes für

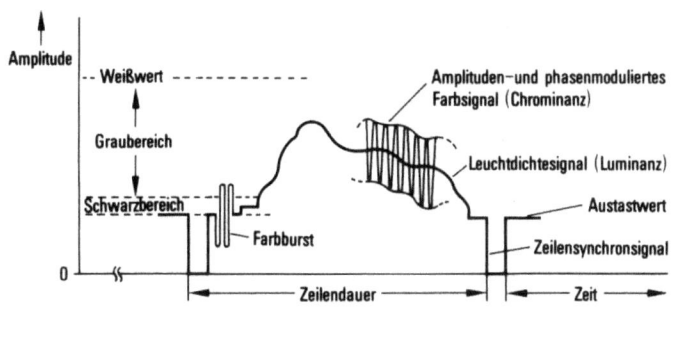
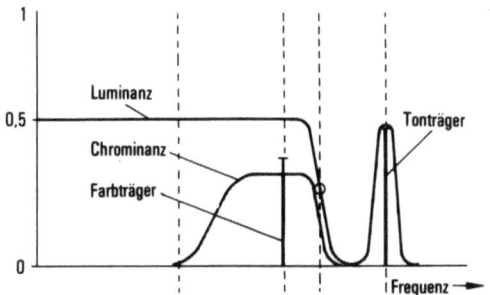

Zeitverlauf (oben) und Frequenzspektrum (unten) eines analogen Farbbildsignals

die Leuchtdichte. In der Bildwiedergaberöhre steuern diese Signale die räumliche Position und die Intensität eines Elektronenstrahls, der Leuchtstoffe aktiviert und sie zur Lichtemission veranlaßt.

Aus der Zeilenzahl, dem Bildformat, der Bildwechselfrequenz, den für die horizontalen und vertikalen Austastlücken notwendigen Zeitanteilen und schließlich aus dem Kellschen Faktor, der die Auflösefähigkeit einer Zeilenstruktur beschreibt, errechnet sich für das Bildsignal eine Grenzfrequenz von etwa 5 MHz. Das entspricht etwa dem 1500 fachen Frequenzbedarf, verglichen mit unserer heutigen Telefonsprache. Dies ist der Grund, weshalb die Bildkommunikation in die Kategorie der Breitbandtechnik einzuordnen ist.

Soll ein Farbbild übertragen werden, so verlangt die Farbkomponente sowohl auf der Aufnahme- wie auf der Wiedergabeseite erhebliche Mehraufwendungen. Wie wir bereits wissen, lassen sich alle Farbwerte mit den drei Primärfarben Rot, Grün und Blau darstellen. Deshalb müssen auf der Aufnahmeseite entsprechende Farbauszüge gewonnen werden, wofür bereits kostengünstige Einkamera-Anordnungen mit Streifenfiltern und Elektronenstrahlabtastung zur Verfügung stehen. Auf der Empfangsseite bedeutet Farbtüchtigkeit, daß ein Dreistrahlensystem die Farbtriplets aktiviert, die den Farb- und Sättigungswert wiedergeben.

Versuche wiesen nach, daß unsere Wahrnehmungsschärfe für Farben deutlich unter der der unbunten Darstellung liegt. Diese erfordert einen geringeren Frequenzbedarf, der nur bei etwa einem Drittel des Leuchtdichtesignals liegt. Es war eine ingeniöse Idee, den Bandbreitenbedarf für die Farbanteile im Frequenzband des Schwarzweißfernsehens mit unterzubringen. Dazu wird ein Hilfsträger entsprechend der Farbart und Sättigung moduliert, wobei die Modulationsspektren der Luminanz- und Chrominanzsignale miteinander verkämmt und damit unabhängig voneinander übertragen werden können. Zur Modulation des Farbträgers selbst werden die zwei Differenzsignale R–Y und B–Y herangezogen, d. h. die Rot- und Blauanteile ohne das Leuchtdichtesignal. Beim Übertragen des FBAS-Signals – die Abkürzung steht für Farbe, Bild, Austastlücke und Synchronisierung – wird die Farbstabilität durch das PAL- und SECAM-Verfahren sichergestellt. Hinzu kommt der das Bild begleitende Ton, der auf einen eigenen Träger bei 5,5 MHz aufmoduliert wird. Schließlich werden die analogen Bild- und Tonsignale im UKW-, VHF- und UHF-Frequenzbereich ausgestrahlt oder über entsprechend breitbandige Kabelwege verteilt.

Digitale Bewegtbildübertragung

Auch der Trend zur Digitalisierung analoger Signale ist ein Kennzeichen künftiger Bildkommunikationssysteme. Über die bekannten Vorteile hinaus wird die Digitalisierung durch Entwicklungsaktivitäten des Unterhaltungsfernsehens begünstigt, die digitale Aufnahmestudios und digitale Fernseher anstreben. So verspricht ein Fernsehgerät mit digitaler Videosignalverarbeitung vor allem eine Steigerung der Bildqualität, größere Langzeitstabilität und eine bessere Wirtschaftlichkeit. Mit dem digitalen Studio wiederum sollen mit seiner präziseren Signalverarbeitung neue Möglichkeiten im Bereich der Misch-, Überblend- und Tricktechnik eröffnet werden. Aber letztlich ist es die optische Übertragungstechnik und die VSLI-Technologie, die die Weichen zur digitalen Breitbandtechnik bereits gestellt haben.

Die Digitalisierung des analogen Schwarzweißbildsignals mit 5 MHz führt – wie an anderer Stelle schon gezeigt – bei 256 Graustufen und damit einer 8-bit-Codierung auf eine Bitrate von 80 Mbit/s. Dieser Wert entspricht in erster Näherung einer Übertragungsbandbreite von 40 MHz, also immerhin dem 8fachen der Bandbreite des Ursprungssignals.

Obwohl dem Farbbild die gleiche Bandbreite des analogen Schwarzweißsignals zugrunde liegt, muß die Abtastfrequenz ein ganzes Vielfaches des Farbträgers betragen, damit störende Interferenzen unterbleiben. Wird beispielsweise mit der dreifachen Farbträgerfrequenz abgetastet und zusätzlich auf eine 9-bit-Codierung übergegangen, so errechnet sich ein Nachrichtenfluß von 120 Mbit/s. Dieses Vorgehen bezeichnet man als „geschlossene Codierung". Sie ist immer dann angezeigt, wenn bereits ein vollständiges Farbsignal vorliegt und sich aus übertragungstechnischen Gründen eine digitale Signalgabe als zweckmäßig erweist.

Dagegen spricht man von einer „Komponentencodierung", wenn Luminanz- und Chrominanzsignale getrennt voneinander codiert werden. Sie bietet sich immer dann an, wenn ein direkter Zugriff auf die drei Farbauszüge möglich ist: Aus den drei Farbkomponenten lassen sich über farbmetrische Matrizen zum einen das der Leuchtdichte entsprechende Luminanzsignal und zum andern die beiden Farbdifferenz-, also Chrominanzsignale ableiten. Solch eine Komponentencodierung ist frei von jeglichem Übersprechen zwischen Luminanz- und Chrominanzsignalen, wie es bei geschlossener Codierung auftritt, erlaubt eine optimale Aus-

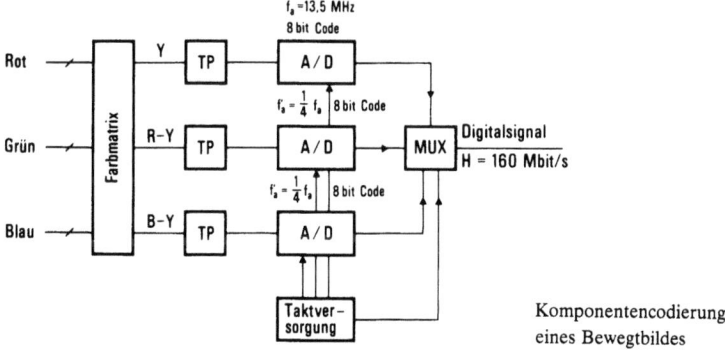

Komponentencodierung eines Bewegtbildes

wahl der Abtastfrequenzen, macht unabhängig von den heutigen Farbfernsehnormen und begünstigt eine Bitratenreduktion. Geht man von der standardisierten Abtastfrequenz von 13,5 MHz für die Luminanz aus, tastet mit einem Viertel dieser Frequenz die Chrominanzsignale ab und codiert beide Signale mit je 8 bit, so ergibt sich ein Informationsfluß von etwa 160 Mbit/s. Mit anderen Worten: Die Vorteile der Komponentencodierung müssen mit einer deutlichen Erhöhung des Informationsflusses erkauft werden.

Damit man die Bewegtbildinformationsflüsse über die Kanäle der europäischen PCM-Hierarchie transportieren kann, haben sich die Kanäle an den standardisierten Bitraten zu orientieren. So wird man versuchen, die zuletzt abgeleitete Bitrate von 160 Mbit/s an die 140 Mbit/s der vierten Hierarchiestufe anzugleichen. Dies gelingt durch Eliminieren der horizontalen Austastlücke, deren Funktion bei digitaler Signaldarstellung weniger zeitaufwendig wahrgenommen werden kann. Damit reduziert sich die Bitfolge auf etwa 135 Mbit/s, so daß noch ausreichend Raum für Stereo-, Sprach- und Signalisierungskanäle zur Verfügung steht.

Bitratenreduktion

Gemessen an den Bitraten der heutigen Individualkommunikation bedeuten 140 Mbit/s einen riesigen Informationsfluß, bezogen auf den digitalen Sprachkanal mit 64 kbit/s. Die verfügbaren Übertragungskapazitäten, insbesondere der Fernebene, lassen es gegebenenfalls wünschenswert erscheinen oder zwingen sogar dazu, mit deutlich niedrigeren Bitraten zu arbeiten. Der Informationsfluß während einer Bildübertragung läßt sich anschaulich durch einen Quader repräsentieren, dessen Kanten durch die Anzahl der Bildpunkte, die Bildwechselfrequenz und die Gradation festgelegt sind. Um sein Volumen zu reduzieren, bedient man sich der Bitratenreduktion, bei der die irrelevanten und redundanten Anteile der Bildinformation vor dem Übertragen extrahiert werden.

Die irrelevanten, d. h. unerheblichen Anteile leiten sich aus unserem Wahrnehmungsvermögen ab, also aus der räumlichen Auflösungsschärfe, der Fähigkeit zum Erkennen von Helligkeits- und Farbwerten und der Akzeptanz eines großflächigen Flimmerns, wobei zwischen diesen drei Faktoren schwer überschaubare gegenseitige Abhängigkeiten bestehen. Werden die Wahrnehmungsgrenzen des Gesichtssinns überschritten, so führt das auf nicht mehr erkennbare Qualitätsverbesserungen, werden sie unterschritten, so bedeutet es Abstriche an der Bildqualität. Wir haben es hier also mit irreversiblen Informationsverlusten zu tun, die beim Empfänger als bekannt vorausgesetzt werden können oder jenseits der Wahrnehmungsgrenzen liegen.

Im Falle der Redundanzreduktion werden nur noch signifikante Änderungen zwischen benachbarten Bildpunkten übertragen und aus diesen am Empfangsort das Quellenbild rekonstruiert. Hierzu bietet sich eine Reihe von Möglichkeiten an, bei denen ein- oder mehrdimensionale Bewertungen im Zeit- oder Frequenzbereich vorgenommen werden. Diese Redundanzreduktion ist zur Kategorie der reversiblen verlustlosen Informationsübermittlung zu zählen.

So lassen sich ohne erkennbare Qualitätsminderung 135 Mbit/s auf 70 bzw. 34 Mbit/s verringern. Bei weitergehenden Reduktionen auf 8 bzw. 2 Mbit/s muß man allerdings deutliche Einbußen an Qualität in Kauf nehmen, insbesondere bei schnellen Bewegungsabläufen. Naturgemäß besteht zwischen dem Reduktionsfaktor und den hierfür notwendigen komplexen Codierungsmechanismen ein direkter Zusammenhang, der sich in Hardware-Aufwand, Forderungen an die Schaltgeschwindigkeit und damit in Kosten niederschlägt. Allerdings darf man ein Bildsignal nicht mehrmals einer Redundanzreduktion unterziehen.

Trotz dieser Forschungsarbeiten auf dem Gebiet der Irrelevanz- und Redundanzreduktion spricht eine Reihe von Gründen dafür, an der Basisbitrate von etwa 140 Mbit/s zumindest im Anschlußbereich festzuhalten. Die Analog-Digital-Umsetzung mit linearer Quantisierung und konstanter Wortlänge ist einfach und kostengünstig zu bewerkstelligen. Die Bitrate von 140 Mbit/s folgt auch unmittelbar durch Irrelevanzreduktion aus der heutigen Studionorm, und es spricht vieles dafür, daß auch ein hochauflösendes Fernsehen mit zusätzlicher Redundanzreduktion

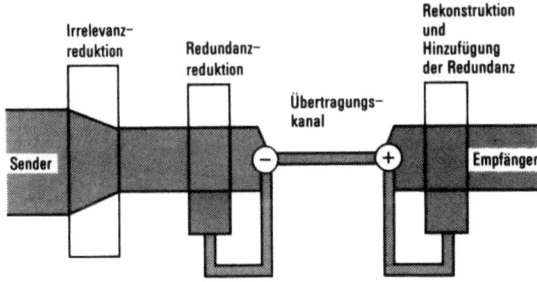

Prinzip der Irrelevanz- und Redundanzreduktion

mit dieser Bitrate auskommt. Ein weiterer Gesichtspunkt, der für die PCM-Codierung spricht, ist ihre Transparenz gegenüber der Datenübertragung. Dies alles sind Eigenschaften, denen gerade im Teilnehmeranschußbereich, wo Einfachheit, Zuverlässigkeit und minimale Kosten geboten sind, ein hoher Stellenwert beigemessen werden muß.

Endgeräte der Bildkommunikation

Übersicht

Nach den Überlegungen zu den Bitraten der Bildübertragung gilt es nun, das Endgerät zu besprechen, also die dem Teilnehmer unmittelbar zugeordnete Systemkomponente. Ein Endgerät oder Terminal ist die Einstiegstelle oder „Benutzungsoberfläche" eines Kommunikationsnetzes. Mit ihm verschafft man sich Zugang zum Bildkommunikationssystem mit seinen dialogorientierten Kommunikationsformen, seinen interaktiven Informationsabrufdiensten und seiner vielfach nur distributiven Nutzung. Aus dieser Fülle von Kommunikationsformen, zu denen auch das Diensteangebot der Schmalbandtechnik zählt, resultiert zwangsläufig die „Multifunktionalität": Das heißt, der Teilnehmer soll und muß die verschiedenen Kommunikationsformen mit einem einzigen Gerät ausführen können.

Die Bereiche Mensch und System bei einer kommunikativen Nutzung werden durch eine ganze Reihe von Einzelfaktoren bestimmt, z. B. anthropometrische und psychologische Faktoren einerseits und Systemorganisation, Prozeduren und Gerätegestaltung andererseits. Die Schnittmenge beider Bereiche bestimmt dann ein Adaptionsoptimum, das objektiv meßbaren Größen, wie Leistung und Zuverlässigkeit, genügen muß, darüber hinaus aber auch subjektiven Beurteilungen unterliegt. „Leistung" bedeutet in diesem Zusammenhang die Geschwindigkeit und Qualität der Informationseingabe und -ausgabe, „Zuverlässigkeit" die Wahrscheinlichkeit für einen fehlerfreien Austausch von Informationen. Das Handhaben des Terminals wird darüber hinaus durch das subjektive Merkmal „Zufriedenheit" in Umgang mit der benutzten technischen Einrichtung beschrieben, was einer gerätetechnischen und prozeduralen Akzeptanz gleichkommt. Solch ein Bildgerät erfordert äußerlich vor allem eine ergonomische Durcharbeitung, die sich gleichermaßen auf den visuellen und den audiovokalen Teil, die Bedienungselemente, die Prozeduren und die Umgebungseinflüsse erstreckt. Hinzu kommen allgemeine Bedingungen aufgrund ihres breitgestreuten Einsatzes: Robustheit, Zuverlässigkeit, problemlose Bedienbarkeit und niedrige Kosten.

Optogeometrische Gestaltung

Dialogmodus

Beim Entwerfen des Endgerätes muß eine Reihe sich zum Teil widersprechender Parameter berücksichtigt werden, damit definitionsgemäß der Eindruck einer persönlichen Begegnung möglichst naturgetreu entsteht. Bei einer geschäftlichen Besprechung verhält man sich üblicherweise in der „sozialen Distanz", die je nach den Charaktereigenschaften der beteiligten Partner zwischen 1,5 bis 3 Metern liegt. Aus der mittleren Körpergrößenverteilung leitet sich nach einfachen linearen Gesetzen dann der bei halber Distanz liegende Betrachtungsabstand von etwa 0,8 bis 1,2 Meter ab. Will man unter diesen Bedingungen den Portätausschnitt eines gegenübersitzenden Gesprächspartners übertragen, so führt das auf eine Bildschirmhöhe von etwa 20 cm und damit auf eine Bildschirmdiagonale von 13 Zoll. Auf diesem Format kann das Gesichtsfeld mit hoher Auflösungsschärfe dargestellt werden, was allerdings voraussetzt, daß der Zeilenabstand kleiner ist als der aus dem Grenzauflösungswinkel errechnete.

Die Einschränkung auf die Kopfpartie bedeutet allerdings den Verzicht auf einige nichtverbale Informationsanteile, wie sie durch die Bewe-

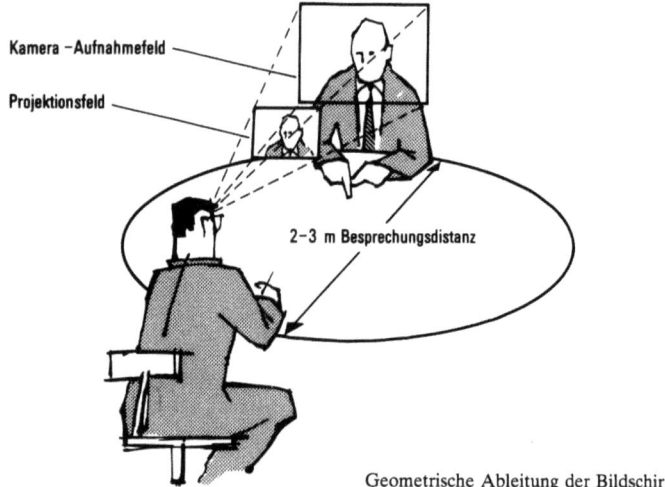

Geometrische Ableitung der Bildschirmgröße

gungen des Oberkörpers und durch die Hände vermittelt werden. Will man auch diese Ausdrucksmittel erfassen, so ist der Betrachtungsabstand entsprechend zu vergrößern, wobei aber Darstellungsdetails verlorengehen. Veränderungen des Bildausschnittes können mit einer Zoom-Optik oder in fernerer Zukunft mit den Mitteln der Bildverarbeitung vorgenommen werden. Zunächst wird von einer festen, vom fernen Teilnehmer nicht beeinflußbaren Kameraposition ausgegangen und auf eine wechselnde Fixierung auf das Gesichtsfeld oder auf Umgebungsdetails verzichtet. Nähert sich hingegen der Betrachter dem Bildschirm, so wird sein Porträt reicher an Details, solange die Auflösungsgrenze noch nicht ausgeschöpft ist. Das führt dann zu einer Überzeichnung, d. h. einer überlebensgroßen Darstellung des Gesichtsfeldes, die im allgemeinen unangenehm wirkt. Eine Verkürzung der Distanz auf 40 bis 30 cm erfordert aber ein Mitbenutzen des Bildterminals für Informationsabrufdienste wie Bildschirmtext oder für einen interaktiven Rechnerdialog.

Ein weiterer wichtiger Gesichtspunkt ist der gegenseitige Blickkontakt, da er die Bereitschaft zum Dialog signalisiert und – meist unbewußt – das Wechselspiel zwischen Sprechendem und Hörendem steuert und kontrolliert, eingeschlossen die Extreme eines fortdauernden Anstarrens oder devoten Augenniederschlags. Da man die Kamera natürlich nicht im Blickpunkt des Betrachters, also in der Schirmmitte, anordnen kann, muß sie außerhalb der Projektionsfläche bleiben, so daß sich die optischen Achsen nicht decken. Dann aber entsteht z. B. bei seitlicher Anordnung der Eindruck, als ob die beiden Partner aneinander vorbeisehen, während bei einer Kamera oberhalb des Bildschirms ein „Überschauen" zustande kommt. Beide Effekte stören, ja behindern geradezu eine normale Gesprächsführung und müssen deshalb in tolerierbaren Grenzen gehalten werden. So muß bei einer Anordnung der Kamera über

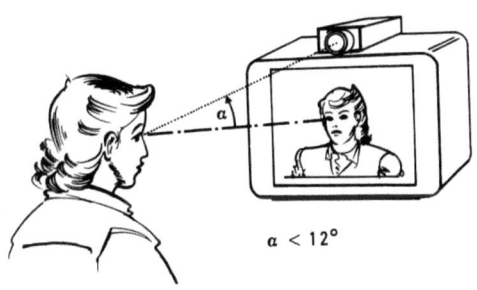

$\alpha < 12°$

Grenzwinkel zur Sicherstellung des Blickkontaktes

dem Schirm der Fehlwinkel zwischen dem Blickpunkt des Betrachters und dem Aufnahmepunkt der Kamera kleiner als 12° sein, eine Bedingung, die mit der 13-Zoll-Röhre gut erfüllbar ist. Versuche, die Kamera über halbdurchlässige Spiegel mit der Bildpunktgeraden fluchten zu lassen, führten noch nicht zu überzeugenden technischen Lösungen.

Bildschirmformat

Weltweit wird heute Querformat bevorzugt, wie wir es vom Unterhaltungsfernsehen kennen, wenn Szenen und Landschaften wiederzugeben sind, zu denen der Betrachter eine deutliche Distanz empfindet. Dies liegt wohl an der auf die Horizontale hin ausgerichteten Struktur unseres Gesichtssinns. Die Neigung zum Querformat wird bei der künftigen Großbildprojektion den Betrachter mehr in das Geschehen einbeziehen und ihm so zu einem unmittelbareren visuellen Erlebnis verhelfen.

Beim Lesen hingegen bevorzugen wir das Hochformat und eine stark verkürzte Betrachtungsdistanz. Das hängt offensichtlich mit unserem auf der „Sprungweite" basierenden Lesemechanismus zusammen, wie es die DIN-Formate oder die schmalen Spalten unserer Tageszeitungen ausnutzen. Ein Formatwechsel zwischen Betrachten und Lesen, beispielsweise durch Drehen des Bildschirms um jeweils 90°, konnte sich wegen des technischen Aufwandes und der umständlichen Handhabung bislang nicht durchsetzen.

Aus solchen Gründen liegt es nahe, für die zwischen Betrachten und Lesen liegende Bilddialogdistanz ein nahezu quadratisches Format vorzuschlagen, wie dies schon bei mehreren Vorläufergeräten geschehen ist. Trotzdem hat sich bislang nur das Querformat durchgesetzt, da es – vor allem bei multifunktionaler Nutzung – einen befriedigenden Kompromiß darstellt. Letztlich waren es auch geringere Kosten auf der Aufnahme- und Wiedergabeseite bzw. fehlende Alternativen, die den Ausschlag für das Querformat gaben.

Das Querformat kommt darüber hinaus der Haltung der durch die Kamera aufzunehmenden Person entgegen, da es die seitliche Bewegungsfreiheit begünstigt. Eine optimale Bildfüllung durch Kopf und Oberkörper setzt aber gewisse „Positionierungshilfen" voraus. Zunächst ist dies das Eigenbild, mit dem der Benutzer des Bildfernsprechers – ähnlich dem Blick in den Spiegel – seine Sitzposition kontrollieren kann. Zudem zeigt ihm während des Bildgesprächs ein kleiner Spiegel stets das Aufnahmefeld seiner Kamera an. Es lassen sich aber auch Methoden ausdenken, die ein Verlassen des Aufnahmefeldes auf dem Bildschirm signalisieren.

Dokumentenmodus

Neben diesen Bedingungen für bilaterales Bildfernsprechen bedarf es bei geschäftlicher Nutzung aber noch eines Hilfsmittels zum Übertragen gesprächsunterstützender Informationen. Dazu zählen das Erläutern von Modellen, Zeichnen und Skizzieren, das gemeinsame Abstimmen von Texten, das Anbringen von Vermerken, das Abzeichnen und Unterschreiben von Dokumenten usw., – alles Tätigkeiten, die sich bisher nicht übermitteln ließen. Bei diesem „Dokumentenmodus" wird mit einem Umlenkspiegel und einer Zusatzoptik das Aufnahmefeld der Kamera auf den Tisch gerichtet und verkleinert, gleichzeitig der ursprüngliche Dialogabstand von etwa 80 cm auf die Lese- und Schreibdistanz von etwa 30 cm verkürzt. Die Breite und Höhe des Aufnahmefeldes entspricht dann etwa einem halben DIN-A4-Format, also den Abmessungen eines querliegenden DIN-A5-Formates. Innerhalb dieses Bereichs erfaßt die Kamera alles Schriftgut, handgroße Gegenstände sowie sämtliche Bewegungen und Veränderungen.

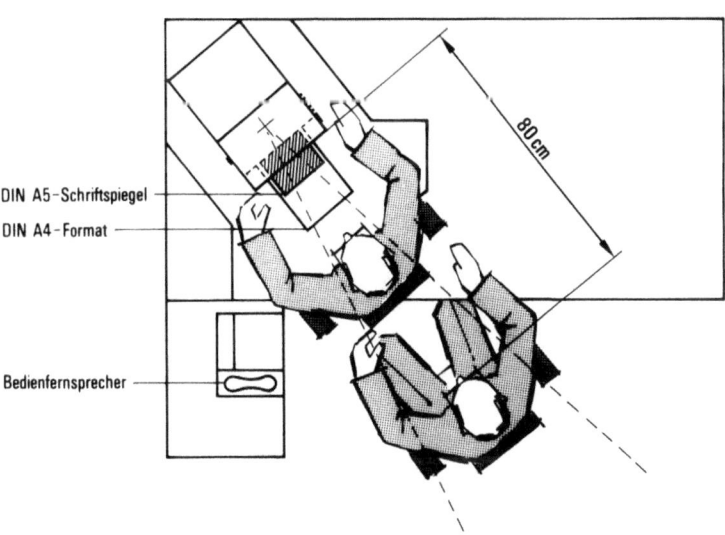

Positionierung während des Dialogs und Dokumentenmodus

Beim Dokumentenmodus kann der Partner der Gegenstelle das Gesichtsfeld nicht ohne weiteres beobachten. Sollen Porträt und Dokument gleichzeitig erfaßt werden, muß man zu einer Fenster- oder Überblendtechnik aus halbdurchlässigen Spiegeln greifen.

Die durch die Fernsehnorm festgelegte Schriftqualität mit einer Auflösung von etwa 6 bis 8 Zeilen für den einzelnen Buchstaben bei Schreibmaschinenschrift reicht völlig aus für ein gelegentliches Nutzen des Dokumentenmodus, nicht jedoch für die professionelle Textbearbeitung mit zeichengenerierten Schriftbildern. Auch das großflächige Flimmern der Fernsehnorm wird als störend empfunden. Eine deutliche Verbesserung der Leserlichkeit würde eine doppelte Zeilenzahl voraussetzen, wie sie u. a. die künftige hochauflösende Fernsehnorm vorsieht.

Sprachkommunikation

Für den Bewegtbilddialog ist auch die Tonübertragung, die sich bislang am Fernsprechen orientiert hat, neu zu überdenken. Als erstes muß der Ton unmittelbar aus dem Gerät abgestrahlt werden, damit der Eindruck des sprechenden Bildes entsteht. Denn Bildfernsprechen heißt nicht, das hergebrachte Telefongespräch per Handapparat und Bildkanal abzuwickeln, sondern natürliches Sprechen und persönliche Begegnung zu simulieren. Dazu kommt zum Handapparat eine Mikrofon- und Lautsprecherkombination, so daß die Hände frei werden für ihre vielen Tätigkeiten nebenbei. Solch ein „Freisprechen" – seit Jahrzehnten bekannt, aber auch schwierig zu bewerkstelligen – gelingt durch eine von der jeweiligen Sprechrichtung abhängige, aufwendige automatische Dämpfungsregelung und Echokompensation, so daß keine Effekte wie Halligkeit oder Rückkopplungspfeifen auftreten. Zwar bringt eine vierdrähtige Digitalverbindung gewisse technische Erleichterungen, schließt aber bei ungünstigen akustischen Raumverhältnissen korrigierende Maßnahmen nicht aus. Trotz des Freisprechens geht jedoch die Vertraulichkeit nicht verloren, da man das Gespräch jederzeit mit dem Handapparat fortsetzen kann.

Die bisherige Sprachqualität beim Telefonieren ist für ein Bildgespräch unzureichend. Zuweilen wird uns das durch das Fernsehen demonstriert, wenn etwa während der Nachrichten ein Telefonreport wiedergegeben wird. Hier beweist sich, daß man eine Bandbreite von mindestens 7 kHz anstreben muß, zumal auch die tiefen Frequenzanteile einzubeziehen sind. Schließlich ist noch darüber zu befinden, inwieweit eine stereophone Tonwiedergabe einen Gewinn an Qualität, insbesondere an Natürlichkeit bedeuten würde.

Endgerät für geschäftliche Kommunikation

Das multifunktionale Teilnehmerterminal Vicoset 200 ist zwar vorrangig für den geschäftlichen, professionellen Bereich konzipiert, seine Entwicklungsmerkmale kommen prinzipiell aber auch bei halbprofessioneller und bei privater Nutzung zur Geltung. Dieses kompakte Tischgerät enthält alle Funktionskomponenten für die Bildaufnahme und -wiedergabe, für das Freisprechen, den Dokumentenmodus, das Positionieren sowie für die Bedienung und die Anzeige.

Die Bildwiedergabe beim Vicoset 200 besorgt ein hochauflösender Monitor mit einem Farbtripletabstand von 0,3 mm, wobei eine automatische Lichtwertregelung Helligkeit und Kontrast der Bildwiedergabe abstimmt. Auf der Kameraseite wird durch individuelles Abgleichen der Farbanteile die Bildqualität optimal eingestellt. Die Einröhrenkamera

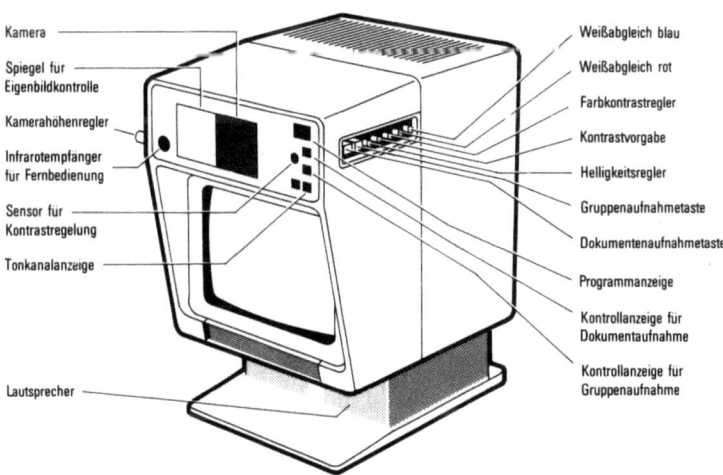

Multifunktionales Bildkommunikationsgerät Vicoset 200

über dem Bildschirm ist auf die drei Entfernungsebenen des Einzelpersonen- sowie des Kleingruppengesprächs und auf den Dokumentenmodus auszurichten. Besondere Bedingungen an die Beleuchtungsverhältnisse werden nicht gestellt; lediglich beim Dokumentenmodus hellt eine Lampe die Aufnahmeebene auf. In die Frontfläche des Gerätes sind ferner die akustischen Komponenten, die Positionierungshilfe sowie eine Reihe von Anzeigeelementen integriert; hinzu kommt ein Bedienungsfernsprecher mit vielen Funktionstasten, einem alphanumerischen Anzeigenfeld und der Lautstärkeregelung. Er bietet einen hohen Bedienungskomfort bei der Auswahl der Dienste, beim Verbindungsaufbau und bei der Abfrage von Anrufen.

Die Multifunktionalität dieses leistungsfähigen Bildkommunikationsgeräts wird angesichts der Fülle attraktiver Kommunikationsformen und -dienste evident. Im einzelnen sind dies:

Bildfernsprechen als Punkt-zu-Punkt-Verbindung,
Bildfernsprechen zwischen Einzelteilnehmern und Teilnehmergruppen,
Arbeitsplatzkonferenz als Mehrpunktverbindung,
Kleingruppengespräch,
Dokumentenmodus einschließlich Fernzeichnen,
Informationsabruf aus öffentlichen und betriebsinternen Bild-, Text- und Datenbanken,
Daten- und Textpräsentation,
Abrufe von Bewegtbildszenen,
Öffentliche Fernsehprogramme,
Videotext.

Über diese Nutzungsmöglichkeiten hinaus lassen sich mit Hilfe von Zusatzgeräten weitere spezifische Anforderungsprofile kombinieren. So würde eine zweite Kamera eine größere Freizügigkeit bei den Aufnahmemotiven bringen und ein zweiter Monitor eine simultane Dokumentenübertragung oder einen Informationsabruf abzuwickeln erlauben. Videorecorder und optische Bildplatten wiederum sind die Voraussetzung für ein Speichern sowie für das sequentielle oder unmittelbare Abspeichern und Wiederauslesen von Fest- bzw. Bewegtbildern. Schließlich ermöglichen Hardcopy-Geräte das Ausdrucken der am Bildschirm nur flüchtig sichtbaren Informationen. Gewiß lassen sich auch weitere Funktionen in das Gerät integrieren, wie beispielsweise die eines Personal-Computers, wobei dann allerdings der Charakter der universellen Bildkommunikation mehr und mehr in den Hintergrund tritt.

Bildkommunikationsanlage für das Heim

Die ganze Fülle an Bildkommunikationsformen läßt sich reduzieren, wenn der private häusliche Bereich ins Auge gefaßt wird. Dort dürfte das reine Bildfernsprechen dominieren, also der zwischenmenschliche Dialog. Zur Ergänzung dienen allenfalls öffentliche Informationsabrufdienste; hingegen wird man zu Hause im allgemeinen auf eine komfortable Dokumentenübertragung, auf die Konferenz und u. U. auch auf das Freisprechen verzichten.

Um die Kosten der ganzen Ausstattung niedrig zu halten, liegt es nahe, wie beim Bildschirmtextdienst das Fernsehgerät mit zu nutzen. Den Dialog ermöglicht eine tragbare Kamera, wie sie heute die Heim-Videotechnik anbietet. Die Kamera wird auf den Nutzer positioniert und mit der Zoom-Optik der gewünschte Bildausschnitt eingestellt. Etwa gegenseitige Beeinflussungen zwischen Fernsehgerät und Kamera und der meist auch viel größere Bildschirm verlangen ein sorgfältiges Abstimmen von Blickkontakt und Betrachtungsverhältnis.

Im allgemeinen empfiehlt sich auch eine zusätzliche Beleuchtung, da die Helligkeit der Wohnräume, insbesondere der Stellplatz des Fernsehgeräts, vielfach zu wünschen übrig läßt. Ein Bedienungsfernsprecher, die geräteeigene Infrarotfernbedienung und der Breitband-Terminaladapter

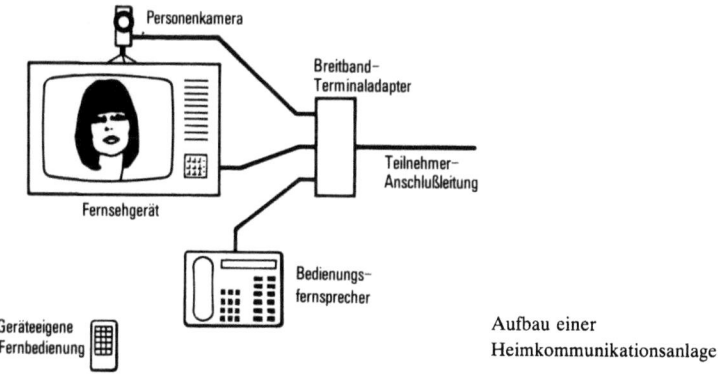

Aufbau einer
Heimkommunikationsanlage

zum Anschluß an die Teilnehmerleitung komplettieren schließlich die häusliche Bildkommunikationsanlage. Natürlich wird zu gegebener Zeit ein kompaktes, wirtschaftlich akzeptables Bildterminal für den Hausgebrauch verfügbar sein, das den unausbleiblichen Widerstreit zwischen der Nutzung des Unterhaltungsfernsehens und der Individualkommunikation unterbindet und auch höheren Ansprüchen nachzukommen verspricht.

Bildkonferenzstudio

Nach den Endgeräten für eine individuelle geschäftliche und private Nutzung des Bewegtbildes bleiben als letztes die Einrichtungen für Bildkonferenzen. Abweichend von der Arbeitsplatzkonferenz steht bei der Studiokonferenz die möglichst naturgetreue Wiedergabe des Besprechungsgeschehens in einem größeren Personenkreis im Vordergrund. Bei einer solchen Situation muß der Eindruck entstehen, als ob sich die Teilnehmer an einem Verhandlungstisch in der gewohnten Distanz gegenübersitzen. Dies setzt Konferenzstudios voraus, die in ihrer einrichtungs- und betriebstechnischen Ausstattung einer Reihe von Forderun-

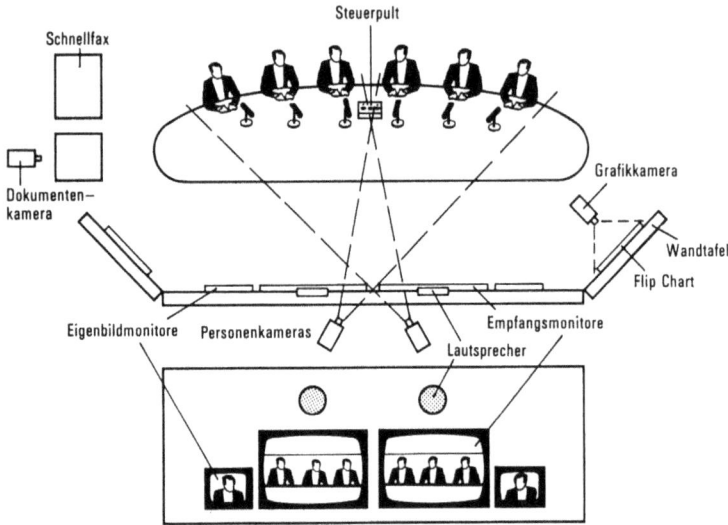

Aufbau eines Bild-Konferenzstudios

gen zu genügen haben. Natürlich müssen solche Studios in der Qualität von Mobiliar, Teppichen und Vorhängen die jeweilige Unternehmenskultur widerspiegeln, um die für eine erfolgreiche Telekonferenz notwendige Atmosphäre zu vermitteln. Der Spielraum der Gestaltung fand bislang seinen Niederschlag in einer variantenreichen Innenarchitektur von Bildkonferenzstudios. So ist die hier vorgestellte Konzeption lediglich als eine Spielart zu verstehen, die die erforderliche Ausstattung für Bild, Ton und Bedienung sowie für die Übermittlung supplementären Materials erkennen läßt.

Ausgegangen wird von sechs nebeneinander sitzenden Besprechungsteilnehmern, die von zwei hochwertigen Farbkameras in zwei Gruppen aufgenommen werden. Beide Teilbilder werden auf dem Übertragungsweg gemischt und am Empfangsort mittels zweier Farbmonitore in einer Art Breitwandtechnik wiedergegeben. Die Dreiergruppen stellen einen guten Kompromiß zwischen Bildqualität und Natürlichkeit dar. Eine naheliegende Großbildprojektion von Personen wird in der Regel als irritierend empfunden, ist aber für die Präsentation supplementären Bildmaterials geeignet, es sei denn, eine wesentlich größere Anzahl von Personen nimmt an der Besprechung teil.

Konferenzstudios müssen in der Regel künstlich beleuchtet werden, damit die lichttechnischen Randbedingungen erfüllt sind. Auch die Akustik ist oft kritisch, denn die Forderung nach Freisprechen mit hoher Sprachqualität muß für alle Beteiligten sichergestellt sein. Gerade das Konferenzstudio verlangt besondere Sorgfalt in der Auswahl und Positionierung der teilnehmerindividuellen Mikrofone.

Für die Übermittlung gesprächsunterstützenden Materials erfaßt eine Grafikkamera eine Wandtafel oder Flipcharts; eine Dokumentenkamera dient der Visualisierung von Textmaterial, wozu gegebenenfalls ein Diapositiv-Abtaster hinzukommt. Schließlich sorgt ein Schnellfaxgerät für die unmittelbare Übermittlung von Textmaterial. Bleibt noch ein Steuerpult zu erwähnen, an dem der Konferenzleiter die entsprechenden Bildausschnitte auswählt bzw. supplementäres Informationsmaterial zur Anzeige bringt.

Netztechnische Aspekte der Bildkommunikation

Allgemeines

Nach den bild- und terminalspezifischen Erläuterungen und Überlegungen nunmehr die netztechnischen Aspekte der Bildkommunikation, also die Netztopologie sowie die vermittlungs- und übertragungstechnischen Funktionen.

Die Breitbandtechnik ermöglicht neue, anspruchsvolle Lösungen, die gleichermaßen technische, betriebliche und ökonomische Belange einbeziehen. So bietet ein universelles Breitbandnetz alle drei Betriebsarten, allem voran den bidirektionalen Dialog – jeder mit jedem –, dann den wechselseitigen Modus des Informationsabrufs und schließlich die monodirektionale, d. h. einseitig gerichtete Verteilfunktion der Massenmedien. Entsprechend diesen drei Dienstkategorien resultieren daraus globale Funktionsreichweiten (jeder mit jedem), regionale (Abruf aus Informationszentren) sowie lokale Reichweiten (Massenmedien).

Zur Bildübertragung bewegen sich die Bitraten in Größenordnungen, wie wir sie bislang nur von den Multiplexsystemen der oberen Fernnetzebene her kennen. In einem Breitbandnetz sind sie künftig auch auf der individuellen Teilnehmeranschlußleitung zu beherrschen – ein komplexes Technologie-, Zuverlässigkeits- und Kostenproblem. Hinzu kommt die Forderung nach einer Diensteintegration, die ein multiplexes Nutzen der Teilnehmeranschlußleitung voraussetzt.

Bei den Grundüberlegungen zu einem öffentlichen Breitbandnetz hat man auch die bisherigen stern- und maschenförmigen Netzformen zugunsten bus- oder ringförmiger Mehrfachzugriffsysteme in Frage gestellt. Trotz ihres geringeren Kabelaufwands konnten sich aber solche Strukturen nicht durchsetzen – vor allem wegen betrieblicher Anforderungen. So blieb man beim klassischen sternförmigen Teilnehmeranschlußnetz und hält durch vermehrten Einsatz von Konzentratoren und Multiplexern die kostenintensiven Anschlußleitungen möglichst kurz.

Auch die Zahl der Hierarchieebenen des Netzes wurde in diesem Zusammenhang erneut diskutiert. Bei Abwägen aller Faktoren – insbesondere der bereits in Hochbauten und Kabeltrassen investierten

Mittel – behielt man für einen Endausbau die bisherige Vierebenenstruktur bei. Das wiederum bedeutet, daß sowohl das „schmalbandige", d. h. 64-kbit/s-ISDN oder kurz „ISDN 64", wie auch das Breitband-ISDN auf dem heutigen Fernsprechnetz aufsetzen können. Ferner ist für das Breitbandnetz auch die Dienstgüte, soweit sie die übertragungs- und vermittlungstechnischen sowie verkehrstheoretischen Größen beschreibt, zu überdenken und neu zu definieren.

Teilnehmeranschluß

Das Anschlußleitungsnetz umfaßt alle Leitungssysteme und Übertragungseinrichtungen zwischen den Teilnehmerterminals und der Endvermittlungsstelle. Der Aufwand bei den Teilnehmern für die Anschlußtechnik geht anteilmäßig in die Systemkosten ein, so daß gerade die Ausgaben für die Einrichtungen und die Verkabelung sowie für deren Betrieb und Wartung zu minimieren sind.

Auch im Anschlußbereich erweist sich der in jeder Hinsicht überlegene Lichtwellenleiter als ideales Übertragungsmedium für Breitbandsignale. Anschlußnetze sind Langzeitinvestitionen und sollen deshalb technologisch zukunftssicher sein. Dies bedeutet, die einmodige Faser mit ihrer nahezu unbegrenzten Übertragungskapazität möglichst frühzeitig zu verlegen, obwohl sie relativ hohe Anforderungen an die einzelnen optischen Komponenten, vor allem die Sendeeinrichtungen stellt. Sende- und Empfangsrichtung werden entweder durch getrennte Glasfasern oder – bei nur einem Lichtleiter – durch Wellenlängenmultiplex ermöglicht. Bei einer mittleren Anschlußleitungslänge von etwa 2 km lohnt es aber, mit nur einer einzigen Faser auszukommen. Dazu braucht man zwei

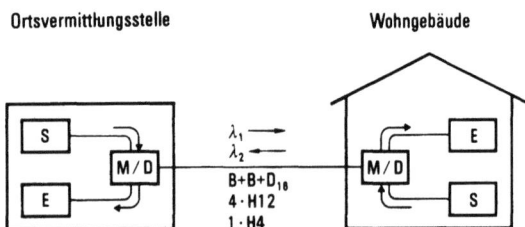

Doppeltgerichtete Nutzung der Teilnehmeranschlußleitung mit Wellenlängenmultiplex

Lichtquellen mit deutlich verschiedenen Wellenlängen, beispielsweise 1300 und 1550 Nanometer, und an beiden Faserenden spektrale optische Multiplexer, die die entgegengesetzt gerichteten Wellenzüge selektieren bzw. zusammenführen.

Die hausinterne Installation zwischen Netzabschluß und Bildterminal wird als Koaxialleitungsnetz ausgelegt, wobei sich stern- oder busförmige bzw. hybride Strukturen als zweckmäßig erweisen. Mit anderen Worten: Innerhalb von Wohn- und Bürobereichen wird wieder der elektrischen Signalübertragung der Vorzug gegeben.

Zur Richtungstrennung kommt noch die monodirektionale Mehrfachausnutzung der Teilnehmeranschlußleitung hinzu, d. h. die gleichzeitige und unabhängige Inanspruchnahme von Bild-, Sprach- und Datenkanälen. Die Diskussion um die Kanalstruktur eines Breitband-ISDN ist in den internationalen Gremien zwar noch nicht abgeschlossen; ihr liegen etwa folgende Überlegungen zugrunde: Ausgehend von dem bereits standardisierten Basisanschluß mit seinen zwei 64-kbit/s-Nutzkanälen B und einem leistungsfähigen Signalisierungskanal D_{16}, gilt es vor allem, einen Hochgeschwindigkeitskanal H4 im Bereich von 140 Mbit zu definieren. Dieser H4-Kanal sollte fallweise eine Untergliederung in 4mal 34 Mbit/s bzw. 2mal 70 Mbit/s zulassen. Des weiteren sind vier H12-Kanäle gemäß der zweiten Hierarchiestufe der CCITT-Multiplexsysteme vorgesehen, die sehr schnelles Faksimile, Festbildübertragung, schnellen Datenverkehr und ein in seiner Qualität allerdings eingeschränktes Bildfernsprechen erlauben. Aus diesen Vorgaben leiten sich dann insgesamt 150 bis 160 Mbit/s ab.

Von den Möglichkeiten zur Übertragung dieser Kanäle wird man das

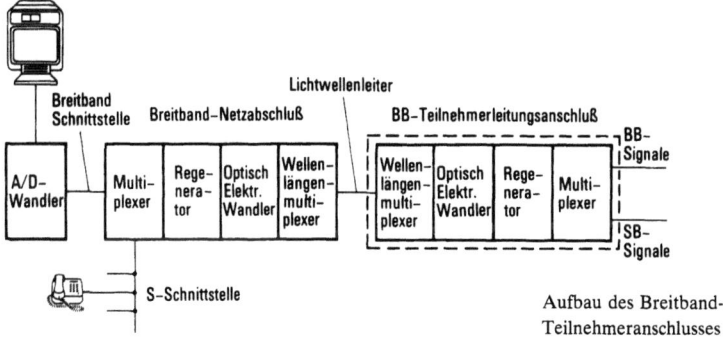

Aufbau des Breitband-Teilnehmeranschlusses

elektrische Zeitmultiplexen bevorzugen. Dabei werden die einzelnen Kanäle durch einen Multiplexer in einen mit 8 kHz sich wiederholenden oktettorientierten Rahmen eingebettet. Ein eindeutiges, durch gezielte Codeverletzung gesichertes Rahmenkennungswort erlaubt ein taktgenaues Wiederzugreifen auf die einzelnen Kanäle. Zusätzliche Signalregeneratoren, ein geeigneter Leitungscode und gegebenenfalls fehlerkorrigierende Methoden beim Bild- und Datentransport sind weitere Voraussetzungen für eine optimale Signalübertragung. Natürlich erfordert der im Blockschaltbild gezeigte Teilnehmeranschluß die neuesten und fortschrittlichsten Technologien mit geringem Platz- und Energiebedarf, wenn man zu zuverlässigen und ökonomischen Lösungen gelangen will.

Soll außer den dialogorientierten Kanälen noch Übertragungskapazität für beispielsweise drei unabhängige Fernsehprogramme bereitgestellt werden, kann man entweder den Multiplexrahmen erweitern oder zusätzliche Träger in einem Wellenlängenmultiplexsystem verwenden.

Eine weitere Besonderheit der Lichtwellenleitertechnik ist, daß man für jeden Teilnehmeranschluß eine eigene Energieversorgung braucht, um bei einer Netzstörung zumindest den Fernsprechverkehr einige Stunden lang aufrechtzuerhalten. Diesen Notbetrieb über die Glasfaser selbst ließen die geringen transportierbaren Lichtleistungen bisher nicht zu.

Vermittlungseinrichtungen

Drehscheibe des Nachrichtenverkehrs innerhalb der Kommunikationsnetze sind die Vermittlungsstellen. Mit ihren speicherprogrammierten Steuerungen treffen sie entsprechend der Zielinformation eine optimale Wegeauswahl, stellen geeignete Verbindungswege für die Nutzkommunikation bereit und führen fallweise zusätzliche Funktionen aus, wie Speicheraufgaben sowie Code-, Geschwindigkeits- und Protokollwandlungen. Im einzelnen bestimmt die zu transportierende Information bereits Struktur und Technik der Vermittlungseinrichtungen. Das eigentliche Verbinden der Zubringer- und Abnehmerleitungen wird von Raum- oder Zeitvielfachanordnungen abgewickelt.

Die Forderung nach „Breitbandfähigkeit" muß von vornherein bereits in der Struktur des Vermittlungssystems berücksichtigt werden. Dies berührt die Steuerungstechnik und das Signalisierungsverfahren des Systems im allgemeinen nur unwesentlich, wogegen es bei den Durchschaltenetzen für Dialog- und Verteildienste neuer Lösungsansätze bedarf.

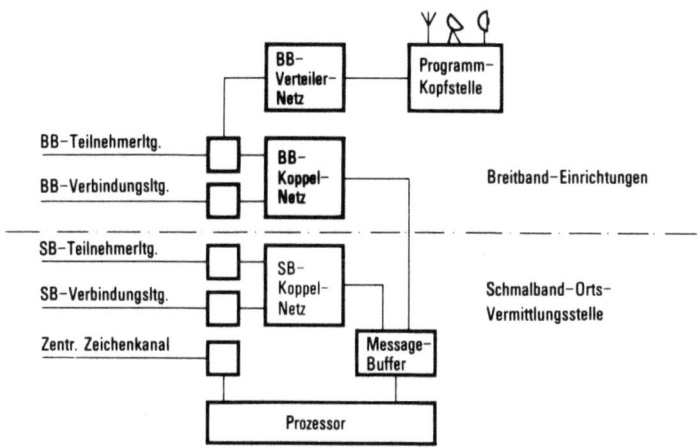

Grundstruktur einer Schmalband- und Breitband-Ortsvermittlung mit Programmverteilung

Zusätzliche Breitbandaggregate und die Einbettung ihrer Software müssen sich – wie im Blockschaltbild angedeutet – in bestehende ISDN-Vermittlungen einfügen lassen.

Die hohen Anforderungen an die Übertragungstechnik und an das Schaltverhalten beim Transfer von Bildinformationen zwingen praktisch dazu, das bei Digitalvermittlungen dominierende zeitmultiplexe Durchschalten wieder durch klassische Raumvielfachlösungen zu ersetzen. Dieser Verzicht auf einen Vorteil des zeitmultiplexen Vermittelns erklärt sich vor allem aus dem heutigen Technologieangebot, das noch keine der üblichen Multiplexfaktoren auszunutzen erlaubt. Raumvielfache für Punkt-zu-Punkt-Verbindungen werden meist als mehrstufige matrixförmige Anordnungen ausgelegt, bei denen die einzelnen Wegeabschnitte durch Koppelpunkte für die Nutzinformation durchlässig geschaltet werden. Abhängig von den Verkehrswerten und Planungsverlusten sind dann teilnehmerleitungsbezogene konzentrierende und verbindungsleitungsbezogene expandierende Koppelanordnungen zu dimensionieren. Diese wiederum bilden als dezentrale und zentrale Koppeleinheiten das vollständige Durchschaltenetz.

Auch das Verteilen von Programmen – eine typische Punkt-Mehrpunkt-Verbindung – wird über Raumvielfachanordnungen bewerkstelligt. Einstufige, meist kaskadierte Koppelvielfache verschaffen dem einzelnen Teilnehmerkanal Zugriff zum jeweiligen Programm.

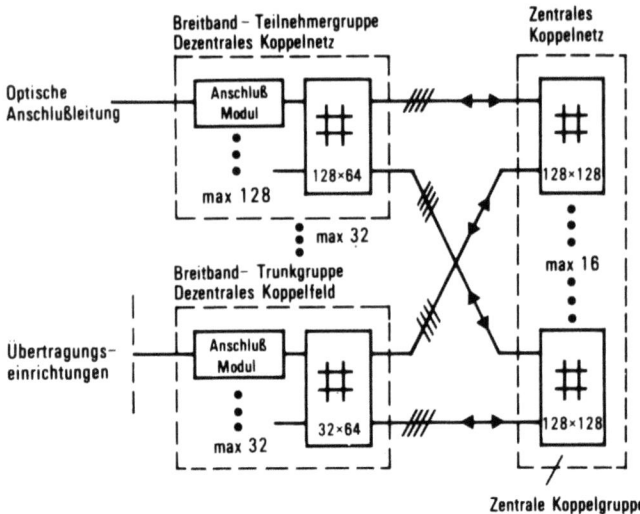

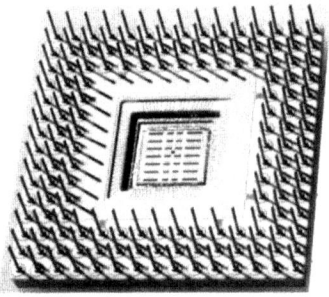

Breitband-Raumvielfachkoppelnetz und integriertes Koppelpunktmodul

Wegen der räumlichen Abmessung umfangreicher Koppelanordnungen bedarf es eines Leitungscodes zur Taktgewinnung, was wiederum einer Erhöhung der Bitrate gleichkommt und damit entsprechende übertragungstechnische Erschwernisse nach sich zieht. Von den heute verfügbaren Schaltkreistechniken erfüllt nur die ECL-Technologie die erforderliche Geschwindigkeit (ECL: Emitter-Coupled Logic). So wurden großintegrierte Schaltkreise auf der Basis von „Gate Arrays" mit 512 Koppelpunkten entwickelt, die 280 Mbit in der Sekunde durchschalten. Aufgrund des relativ hohen Leistungsbedarfs der ECL-Technologie richten sich die weiteren Entwicklungen jedoch auf CMOS-Koppelmatrizen mit deutlich geringerem Leistungsbedarf und höherer Packungsdichte (CMOS: Complementary Metal Oxide Semiconductor). Die Submikron-Technologie hierfür dürfte bereits in den nächsten Jahren verfügbar sein.

Nicht auszuschließen ist allerdings, daß mit sehr viel schnelleren Technologien die Zeitmultiplexdurchschaltung wieder an Boden gewinnt und man zu asynchronen paketorientierten Vermittlungsprinzipien übergeht. Darüber hinaus zeichnet sich die Möglichkeit ab, optische Signale unmittelbar zu vermitteln, wenngleich optische Koppler in Abmessung, Ausbaufähigkeit und Schaltverhalten zur Zeit noch nicht mit den elektrischen konkurrieren können.

Breitbandkoppler in Raumvielfachanordnung lassen sich entsprechend dem jeweiligen Ausbaubedarf relativ feinstufig modular in schmalbandige Digitalvermittlungen integrieren. Das Vermitteln von Informationen hoher Bitrate ist somit kein Hindernis für eine schnelle flächendeckende Einführung der Bildkommunikation.

Übertragungsnetz

Aufgabe der Übertragungstechnik ist es, die Entfernungen zwischen den Vermittlungsstellen im nationalen und internationalen Bereich zu überbrücken. Dies geschieht mit Kabelnetzen und Richtfunkstrecken sowie Seekabel- und Satellitenverbindungen, alles Medien, die durch leistungsfähige Multiplexübertragungssysteme optimal genutzt werden. Sternförmige Netzstrukturen – vor allem in den unteren Fernnetzebenen – bündeln das Verkehrsaufkommen auf Trassen hoher Auslastung. Für diese Strecken stehen heute standardisierte Trägerfrequenz- und Zeitmultiplexübertragungssysteme verschiedener Hierarchiestufen zur Verfügung. Ein Leitungsmultiplex als einfachste Lösung wird im allgemeinen nur im Ortsverbindungsverkehr angewandt. In den Fernnetzebenen der Bundesrepublik Deutschland entfallen auf jeden Hauptanschluß etwa vier Sprechkreiskilometer, wobei der Aufwand für die Übertragungsmittel nur etwa 20% des gesamten Investitionsvolumens des Fernsprechnetzes ausmacht.

Die Breitbandtechnik stellt natürlich hohe Forderungen an die Transportfähigkeit der Fernnetzebenen, denn beschafft sich nur 1% der Telefonteilnehmer ein Bildtelefon, so verlangt dies bereits ein Mehrfaches der bisherigen Übertragungskapazität. Deshalb gilt es, andere wirtschaftliche Übertragungsmedien und -verfahren zu erwägen. Die immensen

Übertragungskapazitäten eines künftigen flächendeckenden Breitband-Fernnetzes lassen sich – wie beim Anschlußleitungsnetz – nur mit der optischen Technologie bewältigen. Erst der Lichtwellenleiter mit seinen hervorragenden Übertragungs- und Dämpfungseigenschaften bringt die wirtschaftlichen Voraussetzungen für den Kommunikationsdienst Bildtelefonie.

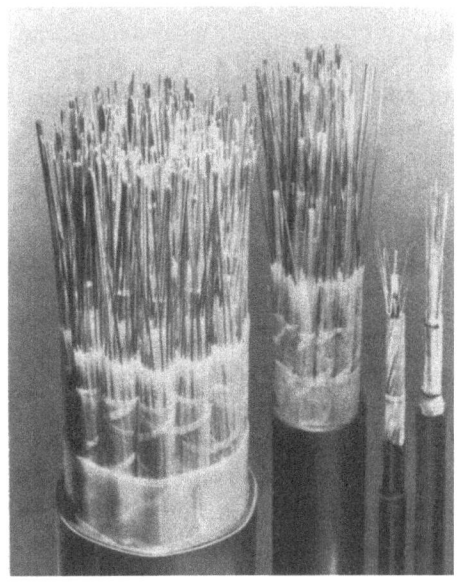

Lichtwellenleiterkabel für
Orts- und Fernnetze

Die Übertragungskapazität der einmodigen Glasfaser wird selbst mit Bitraten von 1,2 bis 2,4 Gbit/s bei weitem noch nicht ausgenutzt. Zunächst wird man so hohe Bitraten durch elektrische Zeitmultiplexverfahren weitestgehend ausschöpfen. Darüber hinaus zeichnen sich über kurz oder lang weitere Methoden zur Mehrfachausnutzung einer Faser ab. So kann man beim Wellenlängenmultiplex die modulierte Strahlung mehrerer optischer Sender gleichzeitig über eine Faser senden. Entsprechend der Zahl der Wellenlängen erhöht sich damit die Anzahl der Multiplexkanäle. Eine weitere drastische Erhöhung der Übertragungskapazität – die sich allerdings erst in fernerer Zukunft abzeichnet – verspricht die optische Frequenzmultiplextechnik OFDM (Optical Frequency Division Multiplex). Bei ihr soll ein kohärentes Heterodynverfahren die Bandbrei-

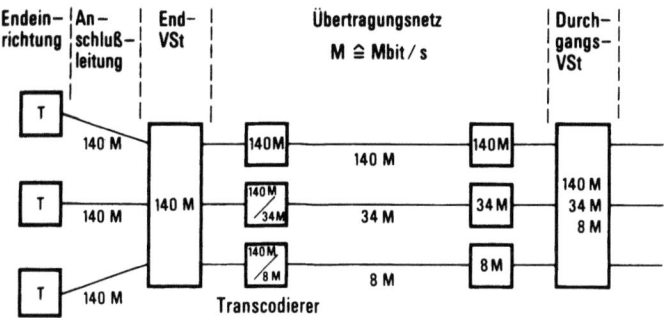

Transcodierer zur Reduzierung der Bitraten auf Fernübertragungsstrecken

te der Faser besser nutzen, so daß sich immerhin einige hundert bis tausend Breitbandkanäle unterbringen lassen.

Eine Kapazitätserhöhung durch Zeitinterpolationsverfahren wie bei der Sprachübertragung läßt der Bilddialog nicht zu, da beide Übertragungsrichtungen ständig aktiviert sind. Schließlich verbietet sich bei den in Betracht kommenden Distanzen aus ökonomischen Gründen eine Vervielfachung der Übertragungswege – ein Fasermultiplex.

Trotz dieser Möglichkeiten, die Kapazität zu erhöhen, versucht man, die Bitrate des Basisbildkanals zu reduzieren, wenn größere Distanzen zu überbrücken sind. Den Aufwand für die Bitratenreduktion auf 70 oder 34 Mbit/s steckt man am besten in die Konzentrationspunkte des Netzes, also die Vermittlungsstellen. Dort setzen Transcodierer die Bitrate des Teilnehmeranschlusses auf die niedrigere der Fernleitung um.

Sollen die Fernleitungen aber außer dem Bilddialog auch schnelle Daten übertragen, so muß der Transcodierer einen transparenten Modus zulassen, bei dem die auf die Fernleitungsbitraten abgestimmten Daten ohne Beeinflussung passieren können.

Optische Übertragungseinrichtungen und Komponenten haben für weite Anwendungsbereiche die Erprobungsphase längst hinter sich und können als Serienprodukte gelten.

Hingegen werden die geostationären Satelliten – wenn auch spektakuläre Übertragungsmittel – bei der dialogorientierten Bildkommunkation eine relativ geringe Rolle spielen. Trotz beeindruckender Fortschritte in der Zahl der Sprechkreise kann der Satellit bei Punkt-zu-Punkt-Verbindungen hoher Bitrate mit dem Lichtwellenleiter aber langfristig nicht konkurrieren. Das schließt nicht aus, Satelliten schwerpunktmäßig einzusetzen, um Gebiete, in denen eine schnelle Verkabelung nicht möglich ist, frühzeitig in ein Kommunikationsnetz einzubeziehen. In diesem Zusammenhang ist wiederum auf die Laufzeiten bei Satellitenverbindungen hinzuweisen, die insbesondere bei einem Bilddialog zu erheblichen Irritationen führen.

Digitale Text- und Datennetze und künftig auch Bildkommunikationsnetze werden gemäß den CCITT-Empfehlungen als Synchronnetze betrieben; denn Start-Stop-Verfahren haben mit hoher Bitrate beim Übertragen und Vermitteln keine Vorteile aufzuweisen. Bei der Synchronisation hat sich das gerichtete Master-Slave-Verfahren gegen andere Formen durchgesetzt. Ein hochgenaues Cäsium-Atomnormal mit einer Frequenzabweichung von weniger als $1 \cdot 10^{-11}$ – stationiert im Fernmeldetechnischen Zentralamt (FTZ) der Deutschen Bundespost in Darmstadt – versorgt die einzelnen Netzknoten mit einer Taktfrequenz von 2048 kHz. Diese nationale Zentraltaktquelle synchronisiert lokale Oszillatoren, die alle Steuertakte für Vermittlungsaufgaben und den Teilnehmeranschluß erzeugen. Der internationale Nachrichtenverkehr wiederum wird „plesiochron", d. h. nahezu synchron abgewickelt, was zwar gelegentlich zu einem Schlupf führen kann, allerdings nur in Abständen von einigen Monaten.

Probleme der Standardisierung

Bereits beim Aufbau des Telegrafen- und des Fernsprechnetzes war es erklärtes Ziel, beide Netze weltweit auszudehnen. Hierfür kam es zu Verabredungen über die Kompatibilität der einzelnen nachrichtentechnischen Einrichtungen unterschiedlicher Hersteller und Systemgenerationen. Unter Kompatibilität versteht man das reibungslose, nahtlose Zusammenwirken von Nachrichtensystemen und -diensten ohne weitere Maßnahmen, sie einander anpassen zu müssen. Ergebnis: Das heutige Fernsprechnetz, der Welt größter Automat.

Der allgemeinen Standardisierung nimmt sich heute das Comité Consultatif International Télégraphique et Téléphonique (CCITT) an, ein Organ der International Telecommunication Union (ITU), die wiederum eine Unterorganisation der Vereinten Nationen ist. Zahlreiche Studienkommissionen des CCITT erarbeiten Schnittstellen, Prozeduren, Protokolle, Programmiersprachen, Zeichengabeverfahren und Numerierungspläne und geben diese in entsprechenden Empfehlungen an die staatlichen Fernmeldeverwaltungen, Betriebsgesellschaften und an die Industrie heraus. Während sich früher diese Aktivitäten meist nur auf die Spezifikation kompatibler internationaler Netzübergänge beschränkten, reichen sie heute weit hinein in die nationalen Bereiche bis hin zu den Teilnehmerschnittstellen.

Standardisierung ist also wichtigste Voraussetzung für eine weltweit „offene Kommunikation"; offen auch im juristischen Sinne, ebenso für den Benutzer und primär in der Technik. Sie erweist sich als zwingend notwendig für die Fernmeldeindustrie, die Betreiber der Netze und die Benutzer, und zwar trotz ihrer unterschiedlichen Interessen. Damit werden auch gelegentliche politische Einflußnahmen auf die Normungsprozesse verständlich, allein wenn es um die immensen Investitionssummen geht.

Eine allgemeine Standardisierung ist aber nicht problemfrei. So kann sich ein voreiliges Festschreiben von Parametern, wenn sie nicht völlig ausgereift und technisch fundiert sind, im Nachhinein als innovationshemmend und kostenerhöhend herausstellen. Ein zu spätes Standardisieren technischer Gegebenheiten wiederum kann, vor allem wenn hohe Entwicklungskosten dahinterstehen, bedeuten, daß eine einheitliche Norm nicht mehr durchzusetzen ist und man dann mit Kompromißlösungen vorliebnehmen muß, die in der Regel einen Mehraufwand für Anpassungen erzwingen. Mit einer überzogenen Gliederung nach Funktionsabschnitten und Schnittstellen verzichtet man auf Vorteile der durch die

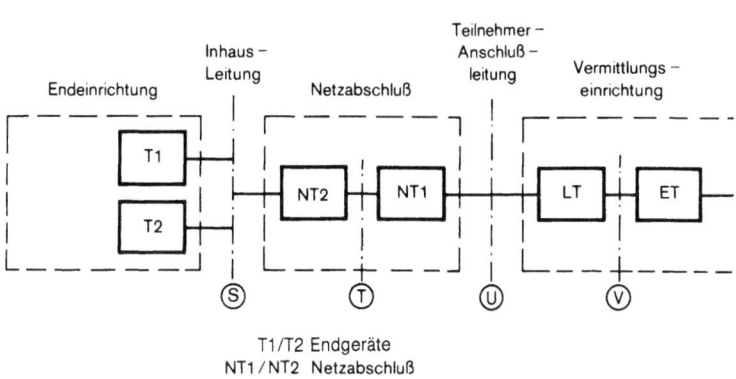

Normschnittstellen im Benutzer-Anschlußnetzbereich

VLSI-Technologie gebotenen Integrationsmöglichkeiten. Schließlich soll jede Standardisierung auf bewährten und erprobten Prinzipien fußen. Angesichts der Komplexität künftiger Kommunikationsnetze und der meist knappen verfügbaren Zeit zu ihrer Realisierung verbietet sich die klassische „Trial-and-Error"-Methode. Damit trotzdem solche Entwicklungen in Gang kommen, müssen Standards von Fall zu Fall weit vorausschauend und nicht ohne ein gewisses Risiko definiert werden. Dabei sind sie aber so flexibel auszulegen und zu handhaben, daß man am weiteren technologischen Fortschritt partizipieren kann und offen bleibt für im einzelnen noch nicht erkennbare Innovationen.

So setzt gerade die Bildkommunikation eine ausgewogene Regelung voraus. Da die Bewegtbildkomponente auf dem „schmalbandigen" ISDN für 64 kbit/s – dem „ISDN 64" – aufsetzt, kann man auf die vom CCITT bereits standardisierten Funktionseinheiten, wie Netzabschluß bzw. Leitungs- und Vermittlungsabschluß, zurückgreifen. Insbesondere ist die Benutzer-Netzschnittstelle mit dem Bezugspunkt S um einen leistungsfähigen breitbandigen Nutzkanal zu erweitern. Die Diskussion um diese Kanalstruktur, insbesondere für hohe Bitraten, ist noch im Gange.

Ziel ist, wie schon gesagt, die einheitliche „Kommunikationssteckdose", über die dann sämtliche schmal- und breitbandigen Dienste zugänglich sind, ähnlich wie über die heutige Netzsteckdose die verschiedensten Maschinen, Haushaltsgeräte und Leuchtkörper betrieben werden können. Darüber hinaus müssen die zur Abwicklung der Bilddienste notwendigen zusätzlichen Signalisierungsfunktionen in den D-Kanal der Teilnehmeranschlußleitung und in den zentralen Zeichengabekanal zwischen den Vermittlungsstellen eingebracht werden.

Sollte sich die Multifunktionalität des Bildterminals noch wesentlich erweitern, etwa um zusätzliche Computerleistungen, so bedeutet das weitere Standards im Sinne der höheren Schichten des aus sieben Ebenen bestehenden OSI-Referenzmodells (OSI: Open Systems Interconnection). Alles in allem sehen wir uns einer Fülle sich abzeichnender und unter hohem Zeitdruck zu erledigender Normierungsarbeiten gegenüber, die Dienst- und Netzaspekte sowie Schnittstellen auf der Benutzer-Netz-Seite und auf der Netzseite zwischen den Vermittlungsstellen einschließen. Es wird erwartet, daß die wichtigsten Definitionen und Empfehlungen zur Breitbandkommunikation noch während der laufenden Studienperiode des CCITT verabschiedet werden.

Wege zum Breitbandkommunikationsnetz

Finanzierung

Die Voraussetzungen für die Infrastruktur eines breitbandigen Kommunikationssystems des nächsten Jahrtausends, wie wir es anstreben und wie es schon mehrfach deutlich geworden ist, verlangen bis dahin gewaltige Investitionen. Ein Vorhaben dieses Ausmaßes bedeutet gemäß ihrem verfassungsrechtlichen und gesellschaftlichen Auftrag für die Deutsche Bundespost eine Herausforderung, der die Privatindustrie unter marktwirtschaftlichen Bedingungen nicht gewachsen wäre. Im übrigen ist das Wahrnehmen infrastruktureller Aufgaben die überzeugende Rechtfertigung für das Monopol der Bundespost als Betreiber öffentlicher Fernmeldenetze. Die Infrastruktur für eine informierte Gesellschaft zu schaffen ist volkswirtschaftlich eine Aufgabe hohen Ranges.

Die Problematik und das Risiko des ganzen „Innovationsschubs" ist vor allem darin zu sehen, daß noch nicht von einer allgemeinen Nachfrage nach Breitbanddiensten ausgegangen werden kann, sondern daß vielmehr eine konsequente angebotsorientierte Investitionspolitik betrieben werden muß. Mit anderen Worten: Einen zukunftsträchtigen Fernmeldedienst wie die Bildkommunikation kann man nicht danach beurteilen, ob er auf dem Markt spontan durchzusetzen ist. Vielmehr muß man mit einer Vorbereitung von mehreren Jahren und einem entsprechenden finanziellen Einsatz rechnen, bis die Gewinnzone erreicht ist. Dies bedeutet wiederum, daß die Bundespost von ihrer gesetzlich vorgeschriebenen Pflicht, Ausgaben durch entsprechende Einnahmen zu decken, während der Innovationsphase entbunden wird. Hier bedarf es demnach eines wirtschaftspolitischen Handlungsspielraums. Immerhin müssen Jahreshaushalte von 3 bis 5 Milliarden DM über längere Zeit hinweg in Ansatz gebracht werden; doch scheinen sich solche Summen zu rechtfertigen, wenn man die Überschüsse aus dem Fernmeldewesen berücksichtigt, die jährlichen Abführungen der Post an den Bund zumindest reduziert oder für die Dauer des ganzen Vorhabens völlig aussetzt und schließlich die Eigenfinanzierung des Unternehmens Post auf ein geringeres Niveau absenkt.

Tarifierung

Die von der Bundespost angebotenen Dienstleistungen der Breitbandkommunikation müssen mit Gebühren abgegolten werden, die sich in Struktur und Höhe an den dafür aufgebrachten Kosten zu orientieren haben. Im allgemeinen empfindet der Benutzer sie als angemessen. Zur einmaligen Einrichtungsgebühr kommen die monatliche Grundgebühr, sodann die Verkehrsgebühren, die sich aus Entfernung, Dauer und Tageszeit errechnen. Diese Kosten sowie zusätzliche benutzungsrechtliche Regelungen sind als die Geschäftsbedingungen zu verstehen, unter denen jedermann öffentliche Dienste in Anspruch nehmen kann.

Bitorientierten Tarifierungen, wie sie heute gleichfalls diskutiert werden, liegt der Gedanke zugrunde, nicht mehr wie bislang Entfernung und Dauer der Inanspruchnahme, sondern vielmehr die jeweils transportierte Informationsmenge zu bewerten. Für Datendienste mag ein solches Verfahren Vorteile versprechen, ist aber sicher nicht praktikabel bei Dialogdiensten wie Telefonie und Bildtelefonie.

Da die Gebühren für einen Dienst und seine allgemeine Inanspruchnahme eng zusammenhängen, darf gerade in der Anlaufphase, also bei noch geringen Teilnehmerzahlen und damit hohen Aufwendungen, das Tarifgebäude nicht zu einer finanziellen Hemmschwelle werden. Eine von Anfang an möglichst breite Akzeptanz setzt eine Gebührenstruktur voraus, die nicht über den 2- bis 3fachen Kosten für ein heutiges Telefongespräch liegen sollte. Nur dann lassen sich nennenswerte Teilnehmerzahlen erwarten; setzt man höhere Faktoren an, könnten sich diese als

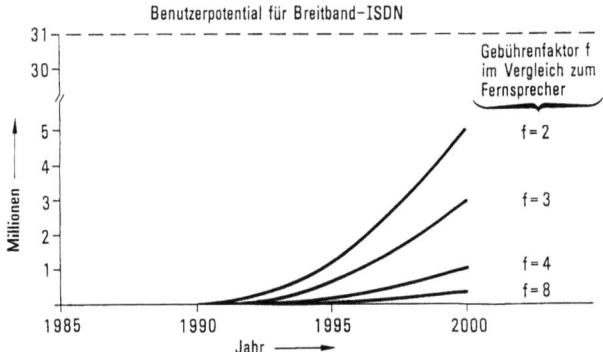

Prognosemodell für Breitband-ISDN-Anschlüsse

Hindernis erweisen. Prognosen sind deshalb sehr unsicher, und so schwankt die voraussichtliche Akzeptanz breitbandiger Individualkommunikation bis 1995 in dem weiten Bereich zwischen 100 000 und 1,2 Millionen Teilnehmern.

Das hochgesteckte Ziel eines Gebührenfaktors von zwei bis drei bedarf großer, koordinierter Anstrengungen von Bundespost, Fernmeldeindustrie und Anwendern, um kein finanzielles Risiko einzugehen. Hierzu ist sicherlich eine ganze Reihe von flankierenden Maßnahmen zu treffen, wie eine relativ lange Zeitspanne bis zur Rentabilitätsgrenze, niedrige Betriebskostenansätze, spekulative Mengengerüste und Entwicklungsvorleistungen. Hierzu kommen weitere Verbilligungen durch die Fortschritte der Mikroelektronik und optischen Übertragungstechnik sowie der Kamera- und Displaytechnik. Schließlich bedarf es des aufgeschlossenen Kunden, der gerade in der Anlaufphase darauf aus ist, Möglichkeiten, Grenzen und Schwachstellen der neuen Kommunikationsdienste auszuloten.

Einführungsstrategie

Der Weg zum universalen Breitbandkommunikationsnetz wird durch zeitlich und inhaltlich unterschiedliche Zielvorgaben der Verwaltungen und Netzbetreiber bestimmt. Ausschlaggebend sind zum einen die zunächst zu priorisierenden Kommunikationsformen und zum andern die vorrangig in Betracht kommenden Zielgruppen für neue Dienstangebote. Beispielsweise neigt man in Frankreich, aber auch in Teilen der Vereinigten Staaten von Amerika zunächst nur zu einer Fernsehprogrammverteilung über sternförmige Teilnehmeranschlußnetze in Glasfasertechnik, was aber nur einer technologischen Verbesserung gleichkommt. Anders das Vorgehen der Deutschen Bundespost, die ihren Kunden möglichst frühzeitig die ganze Palette künftiger Breitbanddienste anbieten will, hingegen die Programmverteilung erst in einem zweiten Schritt vorsieht. Solch eine dienstbezogene Strategie stellt die Frage, welche Teilnehmerzielgruppe zuerst Nutzen aus dem neuen Dienstangebot ziehen soll.

Einige Gründe sprechen dafür, daß die Nutznießer der künftigen Breitbanddienste im Bereich der öffentlichen und gewerblichen Produktion und Dienstleistungen zu suchen sind. Sie dürften am ehesten in der Lage sein, die Aufwendungen für Endgeräte und Gebühren zu tragen und

Aussagen zum Kosten-Nutzen-Verhältnis zu machen. Dieser Kundenkreis ist überwiegend in Großstädten und in städtischen Regionen konzentriert; er sorgt damit für ein entsprechendes Verkehrsaufkommen, erwartet aber auch möglichst frühzeitig die Erreichbarkeit über das gesamte Bundesgebiet hinweg. Gleichzeitig verlangt dies damit auch, die Fern-, Regional- und Ortsnetzebene vermittlungs- und übertragungstechnisch einzubeziehen. Natürlich wird der private Teilnehmer grundsätzlich nicht ausgeschlossen, aber eine breite, flächendeckende Versorgung großer Wohnbereiche ist eben in der ersten Ausbauphase nicht vorgesehen. Zweifellos bedeutet dieses Vorgehen einen Kompromiß zwischen rein angebots- und nachfrageorientierter Einführungsstrategie.

Selbstredend sind die Arbeiten für das Breitband-ISDN mit dem vorher einzuführenden 64-kbit/s-ISDN – dem „ISDN 64" – abzustimmen, die ja beide die kommerzielle Zielgruppe im Auge haben. In der Anfangsphase kann man nur mit einzelnen Breitbandvermittlungen rechnen, was im Mittel längere Anschlußleitungen bedeutet, die sich aber als Einmode-Leitungen ohne Generatoren betreiben lassen. Ziel dieser Entwicklung ist eine Breitband-ISDN-Regeltechnik, die auch die zeitlich davorliegenden Aktivitäten im Zusammenhang mit BIGFON und Studiokonferenzeinrichtungen im Rahmen des Möglichen einbezieht.

Durch Zusatz- und Neuinvestitionen im Fernnetz hat man sich bereits darauf vorbereitet, einige zehntausend Breitbandteilnehmer fallweise versorgen zu können. Auch im Regionalbereich wird man Lichtwellenleiter einsetzen, wenngleich hier die Planung unsicherer ist als bei den „Kommunikationsautobahnen" der obersten Ebene. Hier allerdings lassen sich inzwischen anhand dynamischer Netzmodelle das Dienstangebot und die Wirtschaftlichkeit in Übereinstimmung bringen. Sicherlich wird man sich bei der Breitbandtechnik auch unkonventioneller Planungsmethoden bedienen, wenn es gilt, neue Anschlußbereiche schnell zu erschließen; hierfür bieten sich z. B. auch die Fernleitungstrassen der Bundesbahn und von Elektrizitätsversorgungsunternehmen an.

Das Übersichtsbild zeigt ein ISDN mit einem umfangreichen Angebot von Schmalband- und Breitbanddiensten. Ortsvermittlungen und Nebenstellenanlagen versorgen sowohl Breitband- wie Schmalbandanschlüsse. Während es im Fernnetz nur noch Lichtwellenleiter und Satellitenstrecken gibt, dienen in den Ortsnetzen als Leitungen neben dem Lichtwellenleiter auch Kupferkabel.

Die Frage der Programmverteilung in einem universellen ISDN ist nicht nur technisch, betrieblich und wirtschaftlich, sondern auch gesell-

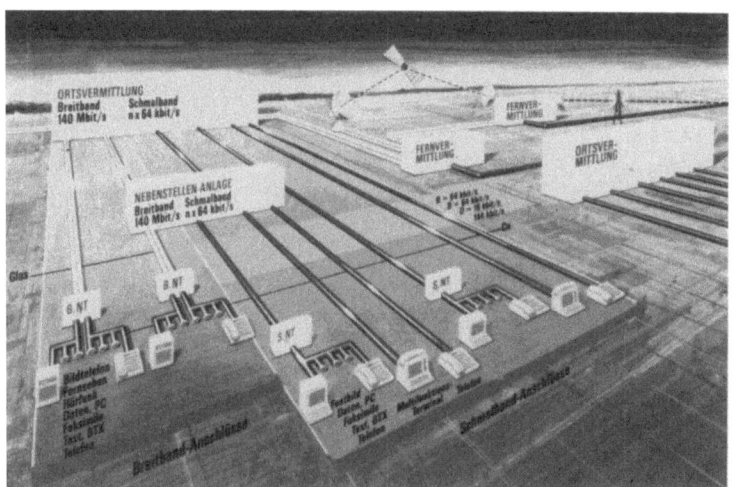

Schema eines Breitband-ISDN-Kommunikationssystems

schaftspolitisch geprägt, wobei verständlicherweise Gruppeninteressen überwiegen. Diese Frage wird aber dann schnell zu entscheiden sein, sobald es Fernsehprogramme in HDTV-Qualität gibt (HDTV: High Definiton Television).

Nutzungsaspekte der Bildkommunikation

Vorbemerkungen

Nach dem Skizzieren des Instrumentariums eines vermittelten Bildkommunikationssystems nunmehr die Überlegungen zu dessen Nutzungsaspekten. Ausgehend von den drei Kategorien der Nutzung – Bewegtbilddialog, interaktiver Informationsabruf und Verteilen im Rahmen der Massenkommunikation –, sind vor allem die einzelnen Dialogformen mit ihren Möglichkeiten und Alternativen, aber auch ihren Grenzen und Gefährdungspotentialen zu bewerten. Letztlich sind sie es, die den Schritt zur Breitbandkommunikation erzwingen, ihn also auch zu rechtfertigen haben.

Wird das Bildfernsprechen unsere bisherigen Kommunikationsgewohnheiten nachhaltig verändern? Wer sind die eigentlichen Nutzer dieses künftigen Kommunikationsangebotes? Welche Anwendungsbereiche kommen als erste in Betracht? Die Antworten darauf gibt eine Analyse, die sich sowohl auf die professionelle Bürokommunikation wie auch auf die Privatkommunikation, also auf den Hausgebrauch erstreckt; gleichermaßen wird auch der Bildungs- und Erziehungsbereich an diesen Kommunikationsformen partizipieren, in der Einführungsphase vermutlich aber nicht unmittelbar stimulierend wirken. Somit erhebt sich ganz allgemein die Frage nach der Sinnfälligkeit und Wünschbarkeit sowie nach dem quantifizierbaren Nutzen des Bildtelefons. Selbstredend sind dabei auch die Technologiefolgen, d. h. die möglichen Auswirkungen auf Wirtschaft, Politik und Gesellschaft abzuschätzen.

Vor dieser Analyse sei jedoch unmißverständlich zum Ausdruck gebracht, daß die Bildkommunikation keineswegs das Flair und die Subtilität einer persönlichen Begegnung ersetzen kann, aber dem persönlichen Gespräch doch recht nahekommt. Sie geht von der Voraussetzung aus, daß jedermann, der mit einem anderen eine Kommunikationsbeziehung herstellen will, seinem Partner auch ins Gesicht schauen möchte. Eigentlich lassen sich keine überzeugenden Gründe dafür anführen, seinen Gesprächspartner nicht sehen zu wollen, ausgenommen etwa Grenzfälle, in denen man sein Gesicht bewußt oder unbewußt verbirgt. Das sind

Situationen starker Gefühlsäußerungen, wie tiefer Trauer oder seelischer Erschütterungen.

Indessen wird diese Ansicht nicht einhellig geteilt: Vielmehr räumt man dem Telefon mit seinem eindimensionalen Kanal den Status eines eigenständigen Kommunikationsmittels ein. Bezeichnend ist diese Ansicht für „Telefon-Persönlichkeiten", die sich fernmündlich energisch, überzeugend und liebenswürdig zu geben verstehen, während sie beim persönlichen Umgang Selbstbewußtsein, Überzeugungskraft und persönliche Ausstrahlung vermissen lassen. Etwas sarkastischer schon klingt die Erklärung, wonach vor der Einführung des Telefons die Menschen doch eine gewisse Scheu hatten, sich Unwahrheiten ins Gesicht zu sagen, so daß man des Vorteils, beim Gespräch unsichtbar zu bleiben, nicht gern verlustig gehen möchte. Mittlerweile beherrschen wir das Telefon so souverän, um auch schwierige Situationen hinter uns zu bringen.

Schließlich bezieht das Bewegtbild beide Komponenten einer Kommunikationsbeziehung ein, d. h. die inhaltliche und die soziale. Wir wissen heute um die Bedeutung der sozialen Komponente: Sie schafft die persönlichen Beziehungen und trägt somit zum Ergebnis der meisten Kommunikationsprozesse bei. Auch soll nicht in Abrede gestellt werden, daß das Bildtelefon – wie auch schon das Telefon – vereinzelt die unmittelbare Kommunikation sogar entpersönlichen, dafür aber doch vielfältige neue Kontakte knüpfen wird.

Dialogorientierte geschäftliche Kommunikation

Ausgangssituation

Wirtschaftliches Handeln im industriellen und administrativen Bereich bedarf vielfältiger Informationsflüsse zwischen den einzelnen anweisenden, produzierenden und dienstleistenden Personen. Umschlagplatz und Drehscheibe dieser Informationsflüsse ist das Büro. Hier werden Informationen beschafft, verarbeitet, archiviert, auf sie wieder zurückgegriffen und schließlich als neue Informationen weitergeleitet. Dem Büro – in dem mehr als die Hälfte aller Beschäftigten tätig ist – widmet sich seit langem die Forschung und Entwicklung. Ihr Ziel ist es, mit neuen Kommunikationsmitteln und informationsverarbeitenden Systemen die Produktivität des Büros ähnlich der industriellen Fertigung nachhaltig zu verbessern.

Die Aktivitäten des „Office of the Future" spiegeln sich wider in einer Fülle von Studien, Artikeln, Fachbüchern und visionären Szenarien. Dennoch bietet das ganze Material bislang kein eindeutiges Plädoyer für die Breitbandkommunikation, wenn man von der Bildkonferenz einmal absieht. Zwar wird das Bewegtbild als ein überfälliges Kommunikationsmittel eingestuft, meist jedoch in eine ferne Zukunft projiziert, anstatt jetzt schon konsequent gefordert. Ohne dieser Fehleinschätzung im einzelnen nachzugehen, mögen die folgenden Überlegungen als Denkanstoß dienen, gegenüber dem bislang dominierenden Text- und Datenverkehr künftig der zwischenmenschlichen Kommunikation das ihr gebührende Gewicht zu verleihen. Zunächst aber zu den Tätigkeiten im Büro, um die produktivitätssteigernden Wirkungen der Breitbandtechnik zu bewerten.

Tabelle 2. Kategorien von Bürotätigkeiten

Merkmale der Aufgabenerfüllung / Aufgabentyp	Problemstellung Komplexität Planbarkeit	Informationsbedarf Menge Inhalte	Kommunikationspartner	Lösungsweg
Büroarbeit Typ I Einzelfall nicht formalisierbar	hohe Komplexität niedrige Planbarkeit	groß unbestimmt	wechselnd, nicht festgelegt	offen
Büroarbeit Typ II sachbezogener Fall teilweise formalisierbar	mittlere Komplexität mittlere Planbarkeit	groß problemabhängig bestimmt	wechselnd, festgelegt	geregelt bis offen
Büroarbiet Typ III Routinefall vollständig formalisierbar	niedrige Komplexität hohe Planbarkeit	mittel bestimmt	gleichgleibend, festgelegt	festgelegt

Die Spannweite reicht von den reinen Führungsaufgaben bis hin zur Bearbeitung von Sachvorgängen. Drei Grundtypen sind es, die sich hinsichtlich Komplexität, Informationsbedarf, Kommunikationspartner und Lösungsweg voneinander unterscheiden. Die Tätigkeiten der ersten

Art sind wenig strukturiert, meist auf einen bestimmten Einzelfall zugeschnitten, setzen aber ein umfangreiches und breitgestreutes Kommunikations- und Informationsbedürfnis voraus, wie es gewöhnlich auf der Ebene der Unternehmensführung und des oberen Managements anzutreffen ist. Im Gegensatz dazu sind die Tätigkeiten der Bearbeiter und des Personals der unteren Ebene stark routineorientiert und formalisiert. Sie unterliegen vorwiegend standardisierten Abläufen und stützen sich in der Regel auf gleichbleibende Kommunikationsbeziehungen. Gerade die formalisierten Abläufe aber sind es, die im Mittelpunkt der derzeitigen produktivitätssteigernden Bestrebungen stehen.

Zwischen beiden Extremen bewegen sich die Tätigkeiten des qualifizierten Sachbearbeiters mit ihren sich vielfach ändernden Aufgaben. Zwar herrscht bei ihm der geregelte Dienstweg vor, doch behält er genügend Freiraum für die Informationsbeschaffung bei wechselnden Kommunikationspartnern.

Diese grobe Einteilung läßt auf erhebliche Kommunikationsanteile der oberen und mittleren Ebene schließen, die zwischen 50% und 75% anzusetzen sind. Im einzelnen gliedern sie sich in geplante sowie Ad-hoc-Besprechungen, Telefonate und Reisen, was natürlich von der Unternehmensgröße und der Branche abhängt.

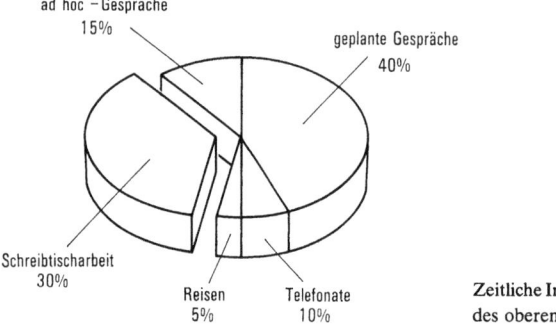

Zeitliche Inanspruchnahme des oberen Managements

Solche hohen Kommunikationsanteile erklären sich aus der Sache: Aufgabe des Managers ist es zu disponieren, anzuweisen, zu entscheiden, zu kritisieren und zu kontrollieren. Bei ihm dominieren nichtformalisierte Dialoge, persönliche Erfahrung sowie Ermessens-, Entscheidungs- und Aktionsfreiheit. Hierzu braucht er bei der wachsenden Komplexität seiner Obliegenheiten umfassende, unmittelbar sach- und personenbezogene, aktuelle Informationen. Seine hauptsächliche Kommunikationsform ist der direkte Dialog, die persönliche Begegnung. Fraglos ist es die persönliche Begegnung, die Unterredung, die Verhandlung oder auch die Konferenz, was sich schließlich in einer verstärkten Reisetätigkeit widerspiegelt. Im einzelnen sind bei solchen Zusammenkünften gefragt: Fachwissen, langjährige Erfahrung, das Beurteilen von Zusammenhängen und Tendenzen sowie ein gegenseitiges Stimulieren der Kombinationsmöglichkeiten. Je komplexer und grundlegender die Besprechungsthemen, wie bei strategischen unternehmenspolitischen Zielsetzungen, Investitionsvorlagen und Entscheidungsprozessen, um so weniger sind sie vorauszuplanen und textlich faßbar. Ein erfolgreiches Management setzt deshalb vielfältige persönliche Kontakte voraus.

Die Analyse im folgenden soll die Einflußmöglichkeiten des Bewegtbildes auf die kommunikativen Tätigkeiten, vor allem jene des Managers nachweisen. Wie weit läßt sich durch das Bild der sachbezogene Informationsaustausch, die Zeitbilanz, die Anzahl der Besprechungsteilnehmer und deren Erreichbarkeit und schließlich die Häufigkeit von Geschäftsreisen im Sinne einer Effizienzsteigerung beeinflussen? Derartige Faktoren erschweren natürlich eine Wirtschaftlichkeitsberechnung, zumal man den apparativen Aufwand für ein Bildkommunikationssystem gut abschätzen kann, nicht aber ohne weiteres die quantitative Verbesserung der einzelnen Kommunikationsprozesse.

Bildkommunikation und Fernsprechen

Die Geschäftswelt trifft mit dem Telefon Verabredungen, sucht den spontanen Gedankenaustausch, fragt nach und vergewissert sich bei schwierigen Sachverhalten u. v. m. Dem steht die nicht unmittelbare Dokumentierbarkeit des Gesprächsinhaltes entgegen, was einem Mangel an Genauigkeit gleichkommt und zu Mißdeutungen Anlaß geben kann. Wir kennen auch die Schwachstellen der Telefonie, da es bei ihr keine nichtverbalen, insbesondere emotionalen Anteile gibt, die sich als Skepsis, Bedenken, innere Ablehnung, als zögerndes Einverständnis oder überzeugtes Zustimmen äußern.

Rechtfertigt beim mehrdimensionalen Bewegtbild das Porträt allein schon ein Breitbandnetz? In der Tat ist es der Partner am Bildschirm, mit dem die Sache der Bildkommunikation zu vertreten ist. Mit ihr steht künftig ein auf Individualisierung ausgerichtetes und ein die Sozialkomponente verstärkt einbeziehendes Kommunikationsangebot zur Verfügung.

Teledialog am Bildfernsprecher

Gerade die individuellen Ausprägungen – wie das im Bild gezeigte Erläutern eines Plans – stehen dem Trend einer überwiegend maschinenorientierten Informationsdarbietung entgegen. Trotz der intensiveren Informationsübermittlung liegt die durchschnittliche Dauer eines Bildgesprächs erstaunlicherweise deutlich über der eines Telefongesprächs. Dieser zunächst widersprüchlich erscheinende Mehrbedarf erklärt sich zweifellos aus der viel besseren Leistung mehrerer Sinne – Hören und Sehen –, die mehr Anstöße zu assoziativem Denken und Überlegen vermittelt: Damit greift der Dialog am Telefon unwillkürlich auf die persönliche Begegnung am Bildfernsprecher über.

Doch wem gelingt es schon – so fragt sich bekümmert mancher Teilnehmer –, einen ganzen Arbeitstag lang ein freundliches Gesicht am Bildtelefon zu präsentieren? Derlei Bedenken sind sicherlich unbegründet, denn es geht nicht um ein angestrengtes „Keep smiling", sondern der

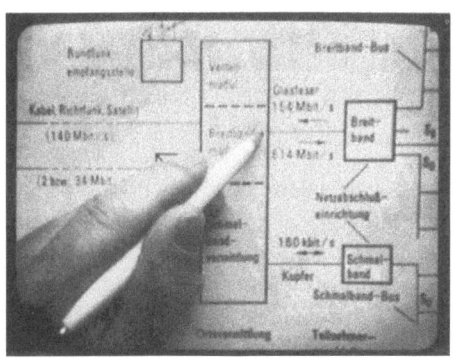

Teledialog im Dokumentenmodus

Gesichtsausdruck darf durchaus die der Situation angemessene Miene widerspiegeln. Ernster zu nehmen ist die Spontaneität und das Überraschungsmoment, mit der sich der Partner am Bildschirm präsentiert. Abhilfe schafft hier, wie gewohnt, die den Partner ankündigende Sekretärin oder eine Anzeige, die den Anrufenden erkennen läßt.

Bildkommunikation und Besprechung

Untersuchungen haben bestätigt, daß die Zeitanteile an Besprechungen trotz des Text-, Daten- und Informationsabrufs kaum verringert werden können. Kommt jedoch die Bildkommunikation hinzu, zeigt sich ein erheblicher Gewinn. Das gilt weniger für die geplante als für die kurzfristig angesetzte Ad-hoc-Besprechung. Vorbereitete Besprechungen sind terminlich gebunden, richten sich nach einer Tagesordnung und haben einen fachlich und organisatorisch zusammengesetzten, bestimmten Teilnehmerkreis. Gegebenenfalls hinzugezogene Experten wohnen solchen Besprechungen bei und warten auf ihr Stichwort. Sie könnten allerdings auch über Bildschirm oder Großprojektion in die Sitzung eingeblendet werden, so daß die Gesamtteilnehmerzahl überschaubar bleibt, ihnen weder Zeit- noch Wegeaufwand entsteht und sie am Arbeitsplatz ihr gesamtes Informationsmaterial zur Verfügung haben und nicht nur die zu einer Sitzung mitgebrachten Unterlagen.

Ad-hoc-Besprechungen – meist nur zu einem dringenden Thema, bilateral oder in kleinem Kreis – erfordern keinerlei besondere Vorbereitung, sondern gehen meist unmittelbar aus einem individuellen Bildtelefongespräch hervor. Die verschiedenen Möglichkeiten des intensiven, umfassenden Informationsaustauschs kennen wir schon; schnell ergibt sich die Kleinkonferenz, wenn sich mehrere Teilnehmer vor den Bildschirmen zu einem Gespräch gruppieren.

Befinden sich die einzelnen Teilnehmer dagegen an mehreren Orten, so spricht man von einer „Bildarbeitsplatzkonferenz", bei der bis zu fünf Teilnehmer mit ihren Bildtelefonen zu einer Besprechung zusammengeschaltet werden können. Wird dann noch der Bildschirm in Felder unterteilt, erscheint auf jedem der vier Felder einer der übrigen vier fernen Teilnehmer. Die Umschaltung auf Vollbilddarstellung ist vorgesehen. Eine solche Arbeitsplatzkonferenz bietet natürlich ein hohes Maß an Flexibilität und Bequemlichkeit.

Die Dauer, bis eine Bildkonferenz ad hoc zustande kommt, ist deutlich kürzer; der Teilnehmer kann sie nicht mehr als eine schwer einplanbare

„Störgröße" empfinden. Für die Teilnehmer kommt der psychologisch wichtige Effekt hinzu, daß die Besprechung nicht beim Chef stattfinden muß, sondern der Chef quasi beim Angesprochenen erscheint, was zumindest einer vertrauensfördernden Geste gleichkommt.

Mehrpunkt-Arbeitsplatz-Bildkonferenz

Bildkommunikation und geschäftliches Reisen

Die Ausweitung unternehmerischer Aktivitäten über regionale und nationale Grenzen hinaus verursacht mehr Geschäftsreisen und dienstliche Abwesenheiten. Zeitbedarf und eskalierende Kosten zwingen dazu, diesen Aufwand einzuschränken, zumal das Mißverhältnis zwischen unvermeidlicher Reisezeit und nutzbringender Besprechungsdauer schon immer offenkundig war. Eine Möglichkeit, dem abzuhelfen, bietet die Video-Konferenz, eine Bildkonferenz zwischen Teilnehmergruppen. Versuche während des letzten Jahrzehnts mit Video-Konferenzstudios

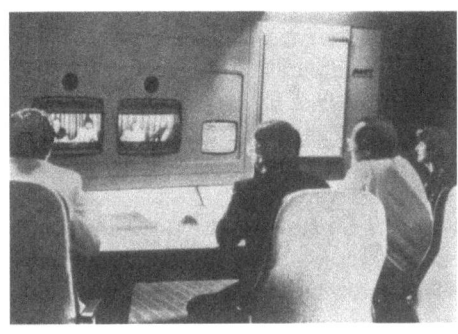

Bildkonferenzstudio

stießen allerdings nicht auf die erwartete Resonanz. Dies mag seinen Grund auch darin haben, daß Führungskräfte ihre engeren Reviergrenzen nur ungern verlassen, um ein zentral gelegenes Studio aufzusuchen. Auch die Höhe der Kosten von Video-Konferenzstudios lag vielfach noch zu hoch. Über lohnende Einsatzfälle mit hohem Wirkungsgrad wird jedoch berichtet, so z. B. zwischen weit voneinander entfernten Entwicklungslaboratorien und Fertigungsstätten.

Zweifellos wird die Videokonferenz in den kommenden Jahren an Bedeutung gewinnen, vor allem wenn die Studios als firmeneigene Einrichtungen betrieben werden und bequem erreichbar sind. Die Ausstattung soll zweckdienlich sein und nicht wie ein elektronisch instrumentierter Befehlsstand wirken. Trotzdem wäre wegen der letztlich begrenzten Anzahl von Studios allein noch kein Breitbandnetz gerechtfertigt. Die Konferenztechnik kann aber den Beginn der Bildkommunikation vorbereiten und erleichtern helfen, zumal sie viele Teilnehmer auf sich zieht.

Langfristig wird die Video-Konferenz die Reisehäufigkeit des einzelnen reduzieren und Routinereisen soviel wie erübrigen. Die Vorteile liegen auf der Hand: Der technische Aufwand für ein Video-Konferenzstudio – eine einmalige Investition – sowie die Gebühren für die Konferenzschaltungen werden bei weitem geringer sein als alle Auslagen für die noch erforderlichen Reisen. Weitere Vorteile lassen sich weniger gut quantifizieren, so z. B. die schnellere und bessere Erreichbarkeit der Konferenzteilnehmer ohne langwierige Terminabstimmungen, das Unabhängigsein von öffentlichen Verkehrsmitteln und hinderlichen Flugwetterbedingungen. Dagegen ermöglicht es die Video-Konferenz, quasi gleichzeitig an verschiedenen, weit entfernten Orten präsent zu sein und damit eine Mobilität zu gewinnen, die selbst der firmeneigene Jet nicht zu bieten vermag. Dies alles gilt natürlich für jedes Bildgespräch; die Video-Konferenz als Variante davon ist nur ein Dienst von vielen innerhalb eines künftigen Kommunikationssystems. Allerdings verlangt eine effiziente Video-Konferenz Disziplin, Konzentration und eine straffe Moderation. Natürlich zeichnen sich auch die Grenzen dieser Technik ab, wenn vor allem persönliche Überzeugungskraft, Charme oder Leidenschaftlichkeit gefordert sind. Allein schon deshalb werden auch künftig nicht alle geschäftlichen Reisen durch Bildkonferenzen zu ersetzen sein.

Diese Überlegungen lassen den Schluß zu, daß die Bildkommunikation doch ein erhebliches Substitutionspotential darstellt für die heutigen geschäftlichen Kommunikationstätigkeiten. Abhängig von Organisationsform, Branche und Managementmethoden der einzelnen Unternehmen mag dieses Potential in weiten Grenzen schwanken. Dessen ungeachtet ist aber gerade der kommerzielle Sektor der Prüfstand neuer Kommunikationsformen, auf dem die eingesetzten Mittel und deren Nutzen kritisch gegeneinander abgewogen werden.

Dialogorientierte Privatkommunikation

Ausgangssituation

Die Anbindung des privaten Haushalts an das Fernmeldenetz wird bislang nur durch das Telefon geprägt. Mit ihm nehmen wir Kontakt auf mit Familienmitgliedern, Verwandten, Bekannten und Freunden, mit Ämtern, Behörden und mit der Geschäftswelt. In diesem Sinne dient das Telefon nicht so sehr der sachlichen Informationsübermittlung, sondern überwiegend dem zwischenmenschlichen Dialog, der sozialen Begegnung: Es werden Neuigkeiten ausgetauscht, man nimmt Anteil an Freud und Leid des Partners, unterhält sich und plaudert. Mit nur etwa 500 Gesprächen jährlich zählen wir Deutschen zwar zu den Wenigsprechern, am Weltstandard gemessen, aber das schmälert nicht die Bedeutung des Telefons als Regelausstattung des modernen Haushalts, denn immerhin sind mehr als 70% aller Sprechstellen privat, wenngleich sie nur 40% des Verkehrsaufkommens erbringen.

Mit dem Bildtelefon werden die emotionalen Anteile weiter an Gewicht gewinnen und so zur Intensivierung der zwischenmenschlichen

Teledialog an der Heimkommunikationsanlage

Beziehungen beitragen. Dies bedeutet ein Mehr an gegenseitigem Verständnis, an menschlicher Wärme und Mitempfinden, während die rein informativen Werte vergleichsweise zurücktreten. Also mehr Menschlichkeit durch technischen Fortschritt! Diese Entwicklung birgt auch die Chance, der allmählich überhandnehmenden Maschinenorientierung – bei der die Sozialkontakte doch zuweilen auf der Strecke bleiben – zumindest entgegenzusteuern.

Die Betonung des zwischenmenschlichen Aspekts erlaubt Zugeständnisse in der technischen Ausstattung, also den Rückgriff auf das Fernsehgerät und den Verzicht auf einen Dokumentenmodus; denn im Gegensatz zur geschäftlichen Nutzung muß sich der Mehraufwand für das private Bildgespräch allein durch die Komponente des „Persönlichen" rechtfertigen. Keinesfalls darf ein künftiges Bildkommunikationssystem aber nur den zahlungskräftigen „oberen Zehntausend" vorbehalten bleiben, sondern muß für die Masse der Telefonbenutzer erschwinglich sein.

Nutzungsszenarien

Die private Nutzung des Bewegtbildes wird unter anderem in starkem Maße mitbestimmt werden durch eine dienstleistungsorientierte Gesellschaft, durch Forderungen nach vermehrter Mobilität und ständiger Weiterbildung. Aber auch die langfristige gesellschaftliche Entwicklung in der Bundesrepublik Deutschland eröffnet neue Anwendungsbereiche für das Bildtelefon. Bekanntlich wird diese Entwicklung begünstigt durch mehr berufstätige Frauen, durch einen größeren Anteil älterer Bürger und als Folge der sich abzeichnenden Altersstruktur durch einen wachsenden Kreis behinderter und pflegebedürftiger Personen.

Allein unsere wirtschaftlichen Aktivitäten verlangen eine ungleich größere Mobilität, die häufig zur zeitweisen Trennung vom Familien- und Freundeskreis führt. Mit dem Bildtelefon ist es z. B. dem beruflich abwesenden Partner möglich, am Familienleben wenigstens aus der Ferne teilzunehmen, jedenfalls weitaus besser, als es das Telefon allein erlaubt. Aber auch z. B. der durch die Studienplatzvergabe an eine ferne Universität verwiesene Student kann unmittelbaren Kontakt mit seinem Elternhaus halten, und nicht zuletzt überzeugen sich Großeltern ad oculos von den zeichnerischen Fortschritten ihres Enkelkindes.

Solche wenigen Beispiele lassen schon erkennen, daß das Bildtelefon eine soziale Funktion übernimmt, wie sie kein anderes Telekommunikationsmittel zu bieten vermag. Gelingt es doch mit ihm, über fast beliebige

Distanzen hinweg familiäre und soziale Bindungen aufrechtzuerhalten. Weiterhin, um noch andere Beispiele zu nennen, bietet das Bildtelefon eine Fülle von Möglichkeiten, zwischenmenschliche Kontakte herzustellen, zu halten und zu kultivieren. Auch kann man mit dem Bildtelefon seinem Hobby nachgehen, einkaufen, sich von einem Kreditinstitut beraten lassen oder sogar den Hausarzt konsultieren. Solche Kommunikationsbeziehungen brauchen keineswegs die persönliche Begegnung abzuwerten, sie helfen vielmehr dazu, auch in zeitkritischen Situationen handlungsfähig zu bleiben oder Gefahren abzuwehren.

Häusliches Nutzungsszenarium des Bewegtbilddialogs

Eine Technik verdient sicherlich auch das Prädikat »human«, wenn sie es ermöglicht, ältere Menschen, pflegebedürftige oder behinderte Personen länger in ihrer vertrauten Umgebung allein zu lassen, da die betreuenden Personen über den persönlichen Besuch hinaus sich mehrmals am Tage per Bildkommunikation vom Wohlbefinden ihrer Schützlinge überzeugen können. Auch Gehörgeschädigten gibt das Bildtelefon erstmals

Nutzungsszenarium des Bewegtbilddialogs am Krankenbett

die Gelegenheit, eine ihnen zusagende telekommunikative Beziehung zu pflegen. Gerade dieser Humanaspekt sei in einer Zeit stetiger und herber Technikkritik besonders betont.

Schutz der Privatsphäre

Besorgte Stimmen verweisen immer wieder darauf, daß das Bildtelefon die Privatsphäre in hohem Maße gefährde. Abgesehen von den berechtigten Mahnungen und Warnungen eröffnet sich für manche Karikaturisten, Spötter und Pessimisten ein weites Feld, die Bildkommunikation zu attackieren und zu diskreditieren. Ihre Phantasie scheint geradezu angeregt, möglichst groteske Situationen zwischen Komik und Peinlichkeit auszudenken. Aber auch dem Telefon wurde einst ein fragwürdiger Erfolg prophezeit.

Letztlich befindet immer der Teilnehmer selbst darüber, ob und in welchem Ausmaß er sich dem Bilddialog stellt. Er allein bestimmt, welchen Ausschnitt aus seiner guten Stube er dem Blick preisgibt und unter welchen Bedingungen er sich als Person dem Auge der Kamera präsentiert. Wie schon einmal erwähnt, bedarf vor allem die private Bildkommunikation erst eines Lern- und Gewöhnungsprozesses, gewisser „Spielregeln" und eines Gefühls dafür, wann man willkommen ist und wann man stört oder lästig fällt. Auch schon beim Telefon achten wir auf eine bestimmte Etikette. Natürlich wird man auch künftig Situationen nicht ausschließen können, die nur noch mit dem bekannten Knopfdruck zu bereinigen sind!

Naheliegend ist auch die Assoziation zwischen dem Bildtelefon und Orwells Televisor als technischem Mittel eines totalitären Regimes, seine Untertanen zu überwachen. Aus dieser literarischen Vision aber einen generellen Verzicht auf die Bildkommunikation zu konstruieren, bedeutet, sich nicht mehr der Ambivalenz jedweder technischen Innovation stellen zu wollen. Die gelegentlich in den Diskussionen um den Datenschutz geäußerten Vermutungen oder Unterstellungen, daß die digitale Kommunikationstechnik letztlich nur zur besseren Kontrolle und Überwachung der Teilnehmer diene, übersehen ganz einfach eine seit Jahrzehnten lebendige technische Entwicklung, die für jedermann nachvollziehbar ist.

Selbstredend bedarf jedes künftige Kommunikationssystem eines „Technological assessment", einer sozialwissenschaftlichen Begleitforschung, damit möglichst frühzeitig willkürliche und mißbräuchliche Nutzungen bloßgelegt werden. Nur dann wird es gelingen, mit korrigierenden technischen Maßnahmen vorzubeugen und die rechtlichen Absicherungen zu schaffen.

Interaktiver Abruf von Informationen

Das technische Instrumentarium für einen Bewegtbilddialog läßt auch einen interaktiven Abruf zentral gespeicherter audiovisueller Informationen zu. Ein derartiges System bietet ähnlich einer Präsenzbibliothek aktuelles und lexikalisches Wissen. Dem allgemeinen Informationsbedürfnis kommt der Bildschirmtext heute bereits als öffentliches Abruf- und Mitteilungssystem entgegen, wenngleich der zeitliche Aufbau und die Qualität der Text- und Grafikpräsentation aufgrund der technischen Vorgaben – analoges Fernsprechnetz – vielfach noch zu wünschen übrig lassen. Das Angebot des Bildschirmtextdienstes ist aber gegenüber der limitierten Seitenzahl von Videotext oder Kabeltext praktisch unbegrenzt.

Interaktiver Festbild- und Bewegtbildabruf

Erweitert man den Bildschirmtext auf breitbandige Signalgabe hin, so lassen sich mit ihm nicht nur Festbilder in Fernseh- oder sogar hochauflösender Bildqualität übertragen, er erlaubt darüber hinaus auch ein Abrufen von Filmsequenzen; optimal dargestellt werden z. B. Verbraucher- und Verkehrsinformationen, Waren- und Reiseprospekte, Wetterkarten, Börsenberichte und vieles andere, in gleicher Weise das gesamte enzyklopädische Wissen. Mit Bildschirmtext kann man ferner routinemäßige Einkäufe erledigen, Bankgeschäfte abwickeln, allgemeinen medizinischen Rat einholen und die Mittel einer bildgestützten Aus- und Weiterbildung nutzen.

Neben die überwiegend private Nutzung von Bildschirmtext treten die kommerziellen Informationszentren, die technische, vertriebliche und kaufmännische Daten zugänglich machen. Solche Festbildinformationen können gegebenenfalls durch Filmsequenzen ergänzt werden, wie durch den Auszug eines mitgeschnittenen Wirtschaftsmagazins, durch die Veranschaulichung eines schwierigen technischen Sachverhalts oder durch die verlangsamte Wiedergabe schnell ablaufender Vorgänge. Über derartige gespeicherte Fest- und Bewegtbildinformationen hinaus ist es denkbar, bei Interpretationsschwierigkeiten auch fachkompetente Personen live in den interaktiven Dialog einzubeziehen. Die interessierenden Informationen müssen allerdings erst über strenge sequentielle Folgen eines „Suchbaumes" oder über einen „logischen assoziativen Zugriff" gefunden werden. Dieser Selektionsprozeß erfordert immer eine zusätzliche benutzerfreundliche Dialogführung. Außer dem gezielten Abruf ist auch ein „Durchblättern" vorgesehen, mit dem man sich schnell einen Überblick über das jeweilige Informationsangebot verschaffen kann.

Aufgrund solch vielfältiger Möglichkeiten wird der breitbandige Bildschirmtextdienst zu einem preisgünstigen Informations- und Kommunikationssystem, nicht nur für große Organisationseinheiten, sondern auch für die halbprofessionelle Nutzung und den privaten Haushalt. Dabei darf man annehmen, daß zu gegebener Zeit kostengünstige beschreibbare Speichermedien hoher Speicherdichte und kurzer Zugriffszeit, wie beispielsweise die optische Bildplatte, zur Verfügung stehen. Die Information gelangt zunächst in einen Wiederholspeicher, der zentral oder auch beim Teilnehmer vorzusehen ist und mit ihr dann den Bildschirm beschreibt. Mit solchen lokalen, an das Terminal unmittelbar gekoppelten Speichern lassen sich individuelle, vor allem geschäftliche Informationssysteme einrichten, so daß sich die bislang papiergebundene Abspeicherung erübrigt.

Schriftliche Unterlagen und geschäftliche Vorgänge, aktuell und mit Anmerkungen versehen, sowie vertrauliche Papiere werden üblicherweise griffbereit in Aktenschränken verwahrt, ein sichtbares Merkmal der heutigen Papierflut in den Büros! Solche auch vielfach persönlichen Informationen aus der Hand geben zu sollen und sie an zentraler Stelle abzuspeichern, stößt meist auf erheblichen psychologischen Widerstand. Gelingt es aber, diese Unterlagen als Originaldokumente in der Nähe des

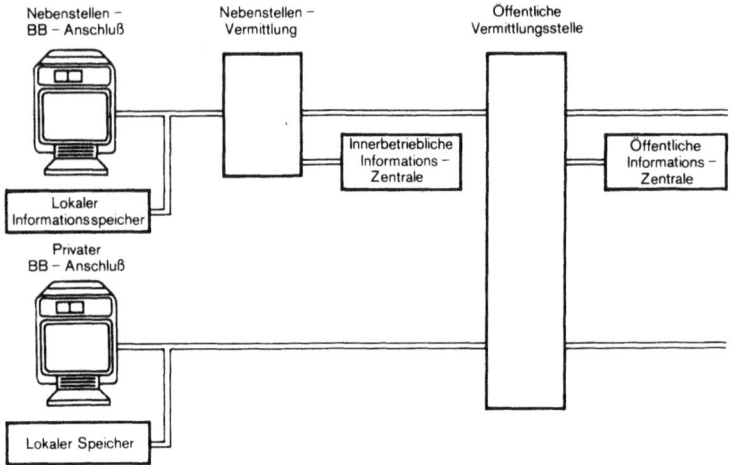

Mehrstufiger interaktiver Informationsabruf

Bildterminals elektronisch abzulegen und über den Bildschirm wieder zugänglich zu machen, so wäre damit ein großer Schritt auf dem Weg zum „papierarmen" Büro getan. Langfristig ist dann mit einem dreischichtigen Abrufsystem zu rechnen, einem persönlichen, einem innerbetrieblichen und einem öffentlichen.

Interaktive Informationssysteme, vor allem mit Zugang zu Servicerechnern, eröffnen prinzipiell weitere Möglichkeiten zur Bildver- und -bearbeitung sowie zum Editieren einzugebender Informationen. Doch sollte man das Bildtelefon über seine Multifunktionalität hinaus nicht zu einer grafischen Arbeitsplatzstation werden lassen, damit nicht am Ende eine zu hohe Komplexität und ein ungünstiges Kostenbild seiner breiten Einführung entgegenstehen.

Verteilung von Programmen und Informationen

Das unidirektionale, d. h. einfachgerichtete Verteilen von Unterhaltungsprogrammen und Informationen ist Aufgabe des Fernsehens und Rundfunks. Es beansprucht einen ungleich größeren Zeitaufwand als etwa die individuelle Kommunikation. Um die Attraktivität dieses Mediums zu erhöhen, bemüht man sich, das heutige Programmangebot mit dem Ziel zu vermehren, die Auswahl für den Teilnehmer zu verbessern. Im einzelnen denkt man dabei vor allem an allgemeinbildende, kulturelle, politisch anspruchsvolle, den lokalen Bezug stärker betonende Sendungen und an die Übernahme von Programmen aus Nachbarländern.

Ein so erweitertes Angebot kann bei terrestrischer Übermittlung aus Mangel an freien Frequenzbändern nicht mehr über die Antennenanlage empfangen werden, sondern setzt Kabelrundfunkanlagen voraus. Ähnlich wie Großantennen-Gemeinschaftsanlagen, baumförmig strukturiert, dienen zur Übertragung Koaxialleitungen. Solche Kabelnetze, wie sie heute forciert flächendeckend eingerichtet werden, sind für die Verteilaufgabe optimiert und bieten dem Teilnehmer bis zu 30 Kanäle parallel an, aus denen er seine Auswahl trifft. Baumstrukturen hingegen verlangen ausgereifte technische Lösungen, wenn ein individueller Informationsabruf möglich sein soll.

Alternativ zur trägerfrequenten analogen Programmübertragung kann auch – wie bei den Netzaspekten bereits gezeigt – die individuelle digitale Teilnehmeranschlußleitung diese Aufgabe übernehmen. Die Programmauswahl wird dann allerdings nicht mehr am Teilnehmergerät, sondern in der Vermittlungsstelle vorgenommen. Abhängig von der Leitungskapazität lassen sich drei bis vier Programme gleichzeitig und unabhängig voneinander zum Teilnehmer übertragen. Mit anderen Worten: Individuelle und Massenkommunikationsdienste können in einem Integrierten Breitband-Fernmeldenetz IBFN parallel angeboten werden

Ein Breitband-Universalnetz bietet praktisch unbegrenzte Programmkapazitäten und ermöglicht darüber hinaus statt der pauschalen eine differenzierte Gebührenabrechnung. Dies bedeutet eine individuelle Belastung für die Inanspruchnahme einzelner Kanäle bzw. zeitlich begrenzter Darbietungen. Ferner ist es möglich, Bild- und Musikbibliotheken anzusteuern und gezielt Film- und Musikkonserven abzurufen bzw. zu überspielen. Fast selbstverständlich ist der Zugriff auf zyklisch oder adressiert angebotene Informationen öffentlich-rechtlicher oder privater Träger eines künftigen Fernsehens. Die gleiche Technik verhindert auch ein unberechtigtes Empfangen nicht allgemein zugänglicher Informationen. Der Übergang zwischen vermittelnden und verteilenden Netzfunktionen wird damit fließend.

Für das Mitbenutzen der Teilnehmeranschlußleitung spricht auch ein schon sich abzeichnendes hochauflösendes Fernsehen HDTV (High Definition TV), mit dem die Kapazität der Koaxialkabelnetze schnell ausge-

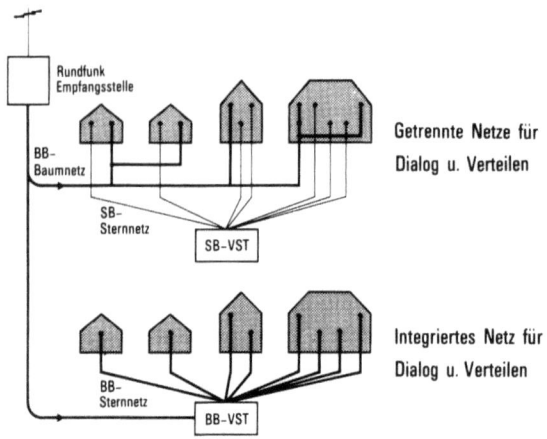

Struktur baum- und sternförmiger Netze für die Programmverteilung

schöpft sein wird. Die deutliche Qualitätsverbesserung erklärt sich aus der höheren Zeilenzahl, die wiederum eine Bandbreite von 20 bis 30 MHz bzw. etwa 600 Mbit/s erfordert.

Die Integrationstiefe der Individual- und Massenkommunikation reicht von der bloßen Mitbenutzung der physikalischen Anschlußleitung bis zur Verknüpfung der Übertragungs-, Steuerungs- und Vermittlungsfunktionen. Welche Lösung sich durchsetzen wird – das integrierte oder zwei unabhängige Netze –, hängt vom Zeitpunkt, von Kostenfaktoren, aber auch von den politischen Gegebenheiten ab. Denn solche anwendungsspezifischen und techischen Lösungen werden bestimmt von hoheitsrechtlichen, medienpolitischen und besitzstandsichernden Erwägungen, die auf Landesebene sowie national und international mit stark unterschiedlichen Zielvorstellungen angestellt werden. Das Fernsehen wird auf Sicht zugunsten eines differenzierteren Programmangebots, das gleichermaßen Unterhaltung, Information und Dokumentation berücksichtigt, zu modifizieren sein.

Schnelle Datenübertragung

Breitbandige Übertragungskanäle lassen sich über die personenbezogene Anwendung hinaus auch für den Transport großer Text- und Datenmengen benutzen. Als Daten seien hier Folgen bitstrukturierter Signale verstanden, und zwar unabhängig von deren repräsentierter Information, wie etwa vom Inhalt einer Datenbank, einer Bildvorlage oder eines Dokuments. Bislang bediente man sich eines breitgefächerten Angebots postalischer Datendienste und akzeptierte deren Übermittlungsdauern. Erst beim Erörtern integrierter Breitbandnetze wurden Forderungen nach Transportleistungen bis zu 100 Mbit/s laut, wobei heute natürlich noch keine zuverlässigen Prognosen über Art und Ausmaß eines künftigen Datenverkehrs hoher Bitrate gemacht werden können. Dennoch läßt sich absehen, daß die Kopplung informationserzeugender und -verarbeitender Einrichtungen, der Verbund zentraler und dezentraler Rechenzentren sowie die sich abzeichnenden Arbeitsplatzstationen und Expertensysteme zu Transportleistungen führen, die um Größenordnungen über den heutigen liegen.

So sind bei einer hochauflösenden, d. h. farb- und detailgetreuen Dokumenten- und Bildübertragung Informationsmengen von 10 bis 600 Mbit je Vorlage zu transportieren. Solche Werte werden beispielsweise erforderlich sein für handschriftliche Vertragstexte, anspruchsvolles farbiges Bildmaterial, Computergrafiken, Pressefotos, Satellitenbilder und auch für den vollständigen Seitenumbruch, wie er zwischen Redaktionen und Druckereien ausgetauscht wird. Voraussetzung für die schnelle Übertragung solcher Informationsinhalte sind neben der notwendigen

Hochqualitative Festbildübertragung während eines Seitenumbruchs

Kanalkapazität vor allem leistungsfähige Endgeräte zum Abtasten, Verarbeiten und Wiedergeben der Vorlagen.

Weitere Anwendungsgebiete für schnellen Datentransfer entstehen beim Verbund zentraler oder auch dezentraler Rechenzentren mit dem Ziel, Informationsverarbeitung und Transportaufgaben zu verknüpfen. Im einzelnen sind dies Aufgaben der Aktualisierung von Dateien, der Lastteilung, d. h. der gegenseitigen Aushilfe bei Verkehrsengpässen, und der Erhöhung der Systemzuverlässigkeit durch redundante Rechnerkonfigurationen mit regional verteilten Geräten. Allerdings setzt ein solcher Rechnerverbund ein sorgfältiges Abstimmen der Verarbeitungsleistungen, der Ein- und Ausgabegeschwindigkeiten und der zu transportierenden Datenraten voraus. Schließlich braucht man auch für die Kopplung betriebsinterner Local Area Networks (LAN) öffentliche vermittelte oder festgeschaltete Hochgeschwindigkeitskanäle, wenn die Vorteile der Busstruktur und eines paketorientierten Übertragens zwischen den einzelnen Stationen erhalten bleiben sollen.

Schließlich verlangen Arbeitsplätze für ein rechnergestütztes Entwickeln, Konstruieren und Fertigen leistungsfähige Transportkanäle zu Hintergrundrechnern, Plottern, Maskenzentren und Fertigungseinrichtungen. Solche Kanäle sind Voraussetzung für kurze Reaktionszeiten, vor allem bei bildorientierter oder dreidimensionaler Objektbearbeitung und bei einer Vernetzung der einzelnen Design-Zentren. Alles in allem ist der schnelle Datentransfer eine Vorbedingung für das extensive Nutzen des Produktionsfaktors Information.

Zusammenfassende Wertung

Das Bewegt- und Festbild im Kommunikationsprozeß kommt der persönlichen Begegnung nahe und bringt viele neue Dienstformen. Gefordert ist die Phantasie der Anwender und Anbieter, Medienkundigen und Soziologen, weitere Kommunikationsformen, Nutzungen und Verhaltensweisen auszudenken. Nur allen Beteiligten gemeinsam wird es gelingen, außer den in der Tabelle zusammengestellten Dienstkategorien eine weitgehende Integration, Kombination und Verschmelzung dieser Grundformen zu erreichen. Ziel muß es sein, den Kontakt über beliebige Distanzen hinweg zu ermöglichen und optimale Mensch-Maschine-Systeme einzurichten.

Vermittelte Dienste	Verteildienste
Bildtelefon mit Dokumentenmodus	Fernsehprogramme • Unlimitierte Kanalkapazität • Nutzungsabhängige Verrechnung • Hochauflösendes Fernsehen
Bildkonferenz • Studio • Arbeitsplatz	Videotext
Interaktiver Informationsabruf • Breitband-Bildschirmtext • Filmabruf	Kabeltext Stereo-Rundfunk
Sehr schnelle Datenübertragung • Verbund von Datenverarbeitungsanlagen • Verbund von Local Area Networks • Vernetzung von Arbeitsplätzen für Computer Aided Design	

Breitbanddienste der Individual- und Massenkommunikation

So eröffnet die Analyse geschäftlicher Tätigkeiten – vor allem des Managements – erhebliche Ausweichpotentiale für unmittelbare personenbezogene Aktivitäten. Mit dem Bewegtbilddialog, dem Dokumentenmodus und mit mehrstufigen interaktiven Informationssystemen wird nicht nur der Zeitgewinn verbessert, sondern auch die Informationsbeschaffung. Auf Sicht hin wird sich die Breitbandtechnik auch auf die Ebene der Sachbearbeitung positiv auswirken. Die Diskussion um das Büro der Zukunft sollte deshalb nicht allein vom Gedanken der Automatisierung, sondern auch von der Verbesserung der Büroproduktivität unter dem Aspekt der Kommunikation beherrscht sein.

Gleichermaßen gilt es, auch unser privates, gewohntes Kommunikationsverhalten vom Gesichtspunkt der zunehmenden Visualisierung aus zu überdenken. Nicht nur der Dialog allein, sondern auch Unterhaltung, Spiel, Freizeit und Weiterbildung sollen eine neue Qualität gewinnen. Hinzu kommen telemetrische Dienste, die der Überwachung, Sicherung und Kontrolle des modernen Haushalts dienen. All dies muß uns natürlich sinnvollen Nutzen stiften, aber nicht zu passiven Empfängern in einem perfekten Kommunikations- und Informationssystem werden lassen.

Die Bildkommunikation bedeutet eine Zäsur, die sich auf Teile unseres gesellschaftlichen Zusammenlebens nachhaltig auswirken wird. Dieser Wandel dürfte sich allerdings erst im Lauf der nächsten Jahrzehnte vollziehen. Doch jetzt schon gilt es, die Möglichkeiten und das Ausmaß dieser Zäsur zu erörtern und sich mit den zwischen Euphorie und Alptraum angesiedelten Hemmschwellen gegen das Medium Bild – seien sie kritisch besorgt, sachlich oder auch nur emotionell bedingt – auseinanderzusetzen.

Sozio-ökonomische Wirkungen der Bildkommunikation

Ausgangssituation

Nach dem Faktor Information seien nun noch kursorisch mögliche Auswirkungen der Bildkommunikation auf unsere Wirtschafts- und Gesellschaftsstrukturen vor Augen geführt. Als Paradebeispiel das World-Trade-Center in New York, ein unübersehbares Wahrzeichen der Skyline von Manhattan, zugleich auch eindrucksvolles Symbol der Konzentration wirtschaftlicher und administrativer Aktivität: Inwieweit aber diese „Kathedrale des Kommerzes" unverzichtbar ist für einen effizienten und rationellen Bürobetrieb oder letztlich nur der Demonstration von Macht und Größe, Einfluß und Prestige dienen soll, sei dahingestellt. Rational jedenfalls ist eine solche Zusammenballung von Baukörpern und Menschen nur noch schwerlich zu begründen. Anscheinend ist sie Ausdruck eines Glaubens an die unbegrenzten Möglichkeiten der Neuen Welt oder an Superlative, deren unser Erdball immer mehr aufweist!

Das World Trade Center in Manhattan, New York

Wie dem auch sei – allein in dieses World-Trade-Center mit seinen Büros in zwei riesigen 100stöckigen Stahlbetontürmen strömen täglich 50 000 Menschen nach meist mehrstündigen Anfahrten per Bahn, Subway, Bus und Auto aus zwei Bundesstaaten, um abends wieder ihrem Domizil zuzustreben. Daß solche extremen Agglomerationen von Menschen – wo immer sie stattfinden – von Negativerscheinungen begleitet sein müssen, liegt auf der Hand. Derartige Ballungszentren erzeugen eine beklemmende Anonymität und erzwingen geradezu Gefühle persönlicher Bedeutungslosigkeit. Streß, Gereiztheit und Aggressionen, aber auch Apathie, Langeweile und Depressionen sind naheliegende Folgen.

Inwieweit die Anwesenheit eines großen Teils dieser Menschen am Arbeitsplatz aufgrund ihrer informationsorientierten Tätigkeiten unbedingt erforderlich ist, darf man zurecht bezweifeln. Wirtschaftliche Konzentration – der Trend zum Gigantismus – ist inzwischen ein weltweites Symptom, und New York mit seiner extremen Ausprägung in Manhattan steht stellvertretend für Weltstädte wie Toronto, Sao Paulo und Tokio, in Ansätzen aber auch bereits für Frankfurt. Vor den Möglichkeiten der modernen Informations- und Kommunikationstechnik wirken solche „vertikalen" Riesenstädte nur noch wie ein Alptraum. Nicht zuletzt die Bildkommunikation ist es, die uns Wege zu einer Umkehr weist und ein menschliches Dasein anbietet, das unseren Bedürfnissen und Unternehmungen eher gerecht wird.

Die City von Toronto, Kanada

Bildkommunikation und Dezentralisierung

Dem Erfordernis zur räumlichen und organisatorischen Zentralisierung aller geschäftlichen Tätigkeiten liegt die Auffassung zugrunde, daß nur ein straffes und kontrolliertes Steuern jedwedes sinnvolle Agieren begünstige. Solchen Vorstellungen wird heute mehr und mehr widersprochen und einer weitreichenden Dezentralisierung in Wirtschaft und Verwaltung, zumindest dem Abbau überflüssiger Konzentration, das Wort geredet. Angesichts neuer Kommunikationssysteme gewinnt die Diskussion um die Dezentralisierung an Gewicht: Zum einen geht es um die Organisationsstruktur, also um das weitreichende Delegieren von Verantwortung und Entscheidungskompetenz sowie um verbesserte Partizipation, zum andern um ein mehr oder weniger ausgeprägtes räumliches Streuen einzelner organisatorischer Einheiten von bislang an einem Ort ansässigen Unternehmen. Das Angebot künftiger Kommunikationsmittel und nicht zuletzt häufig auch die Situation auf dem Arbeitsmarkt fördern sowohl die räumliche wie auch die organisatorische Dezentralisierung. Da das effiziente Steuern der einzelnen Organisationseinheiten vieler Unternehmen eine gut funktionierende Informationsversorgung voraussetzt, ist das räumliche Streuen von bislang in engem Verbund arbeitenden Einheiten nur zur verantworten, solange an dieser Informationsversorgung keine Abstriche gemacht werden müssen. So wird sich künftig ein Bogen spannen von den Großraumbüros bis hin zum anderen Extrem des individuellen Teleheimarbeitsplatzes. Allein dies würde bedeuten, daß jede räumliche Dezentralisierung sich spürbar auf Verkehrswesen, Arbeitswelt und Raumordnungspolitik auswirkt, also auf unsere gesamte Infrastruktur.

Großraumbüro eines Bankunternehmens

Natürlich müßte sich ein solcher Prozeß über Jahrzehnte erstrecken, also gewiß langsamer ablaufen als erhofft oder befürchtet. Bestimmend sind dabei die jeweilige Komplexität der gesamtwirtschaftlichen Zusammenhänge und auch die Steuermechanismen der betroffenen Unternehmen mit den notwendigen engen Kontakten innerhalb der Managementhierarchien. Hier wiederum sind es nicht so sehr die Informationsinhalte allein, sondern vor allem die „Beziehungen", also die soziale Komponente der Begegnungen. In dem Maße wie die Mittel des individuellen Bilddialogs, die Arbeitsplatz- und die Studiokonferenz als Alternative der persönlichen Begegnung akzeptiert werden, ist die bislang eher skeptische Einstellung des einzelnen gegen seine räumliche Verlagerung zu ändern. Naiv wäre es allerdings zu glauben, daß man durch Dezentralisieren im Sinne eines „small is beautiful" den vielschichtigen Problemen einer künftigen Informationsgesellschaft gerecht werden könnte.

Bildkommunikation und Verkehr

Der dichte Berufsverkehr heute hat – wie uns das Beispiel von Manhattan lehrt – seine Ursache vor allem in der massierten Bürolandschaft der Großstadtzentren, wobei die Autofahrer mit weit über sechzig Prozent dominieren. Dieser Berufs- oder Pendlerverkehr – englisch „Commuting" – bedeutet eine immense Verschwendung von Energie und Zeit und verursacht zudem eine bedenkliche Belastung der Umwelt mit Schadstoffen. Es braucht keineswegs einer nochmaligen Energiekrise, um die Anfälligkeit dieser täglichen Mobilität zu empfinden. Auch den ganzen Zeitaufwand hierfür – bezogen auf den gesamten Arbeitstag – kann man nur unter „Blindleistung" einordnen.
Längst ist das Automobil zum bevorzugten Fortbewegungsmittel vieler Arbeitnehmer geworden, inzwischen für die meisten Menschen auch ein Instrument der Selbstbestätigung. Es läßt manche hierarchischen Ordnungen und Zwänge vergessen, und jedermann nimmt es hin, trotz steigender Kosten empfindliche finanzielle Opfer zu bringen. Keine noch so hohen Gefährdungspotentiale oder psychischen und physischen Belastungen der Automobilisten werden es verhindern können, an der absoluten Freizügigkeit dieses Verkehrsmittels festzuhalten. Gewiß wirken leistungsfähige öffentliche Schnellbahnsysteme – auch wenn sie meist defizitär arbeiten – entlastend für den Autoverkehr, denn ohne sie wäre jeder innerstädtische Individualverkehr längst zusammengebrochen. Je-

Innerstädtischer Individualverkehr

doch auch diese Verkehrsmittel machen das Fahren nicht zum ungetrübten Vergnügen; das Bild vom „Pusher" der Tokioter U-Bahn spricht für sich selbst!

Zu allem Überfluß erfordern flächendeckende Nahverkehrssysteme und Straßennetze meist empfindliche Eingriffe in gewachsene Bausubstanzen und Landschaftsbilder. Infolge einer stetigen „Suburbanisierung" muß die Verkehrsinfrastruktur immer größere Einzugsgebiete erfassen, obwohl die Aufnahmegrenzen der Innenstädte für den Individualverkehr längst erreicht sind. Im Vergleich zu den Hoch- und Tiefbaumaßnahmen für den Individual- und Massenverkehr sind die Eingriffe für Kommunikationssysteme vernachlässigbar klein und bis auf einige Fern-

Berufsverkehr bei der U-Bahn in Tokio

sehtürme und Großantennen unsichtbar. Unter solchen Voraussetzungen erscheint es sinnwidrig, daß der Berufsverkehr die Menschen zu ihren informationsorientierten Arbeitsplätzen bringt und nicht etwa umgekehrt die Informationen „immateriell" zu den Benutzern gelangen. Wiederum ist die Breitbandkommunikation der Schlüssel dazu, auch dem Verkehrsproblem zumindest in Teilen beizukommen. Es gilt hier nicht, Energiekosten und Zeitaufwand im einzelnen aufzurechnen, sondern unter Rückgriff auf die Mittel der Kommunikationstechnik Rahmenbedingungen für die informationsorientierte Arbeitswelt der nächsten Dekaden zu schaffen. Dabei ist nicht auszuschließen, daß das ständige räumliche Ausweiten geschäftlicher Aktivitäten neue Transportprobleme erzeugt, die eine Entlastung des lokalen und regionalen Berufsverkehrs zum guten Teil wieder kompensieren.

Alle Entwicklungen in diesem Zusammenhang zielen auf die sogenannte „virtuelle Stadt", bei der die räumlich gegliederten Funktionsbereiche, wie Wohnbezirke, Handels- und Industrieniederlassungen, Einkaufszentren sowie kommunale und kulturelle Einrichtungen durch telekommunikative „Nervenstränge" zu einem ganzheitlichen Gefüge verknüpft werden, das sich letztlich dann wie ein Stadtwesen verhält. Die klassischen, gewachsenen Städte als geschlossene Lebensräume und Quellen kulturgeschichtlicher Entwicklung dürften durch eine grundlegende Dezentralisierung allerdings nicht gefährdet werden. Auch diese

Infrastrukturelle Aufwendungen für ein Straßenverkehrssystem

Möglichkeit müßte man so sehen, daß das Auslagern von Bürokomplexen wieder zu einer „Revitalisierung" unserer Innenstädte führt.

Bildkommunikation und Heimarbeitsplatz

In Weiterführung des Gedankens einer Dezentralisierung gelangt man zwangsläufig zum individuellen Teleheimarbeitsplatz, einer neuen Form der informationsorientierten Arbeitswelt. Der Begriff „Telearbeit" soll besagen, daß sich die informationsträchtigen Inhalte und Tätigkeiten eines Arbeitsplatzes ohne wesentliche Einschränkungen mit den Mitteln der Kommunikationstechnik über Distanzen hinweg austauschen bzw. ausführen lassen. Diese Tätigkeiten schließen bekanntlich das Erzeugen, Aufnehmen und Verstehen, Verarbeiten, Speichern und Wiederauffinden, schließlich das Weitergeben von Informationen ein – Vorgänge, an denen im allgemeinen mehr als eine Person beteiligt ist. Wiederum läßt sich das „virtuelle Büro" definieren, bei dem jede der gemeinsam einen Aufgabenkomplex bearbeitenden Personen an ihrem eigenen Teleheimarbeitsplatz sitzt; elektronische Mittel fassen alle zu einem leistungsfähigen Organisationsteam zusammen.

Teleheimarbeitsplätze, an denen man dank ihrer apparativen Ausstattung anspruchsvolle informationsorientierte Tätigkeiten selbständig durchführen kann, bieten eine Reihe von Vorteilen. Zunächst entfällt für viele der tägliche Anfahrtsweg, und zwar Hand in Hand mit einem namhaften Zeitgewinn und einer Ersparnis an Energiekosten, die vielfach zu Lasten des Arbeitnehmers gehen. Ferner erlaubt ein optimal ausgelegter Heimarbeitsplatz ein flexibles Erledigen der Arbeitsinhalte und Einteilen der Arbeitszeit. Des weiteren können gerade berufstätige Frauen künftig verantwortungsvolle Arbeiten leisten und gleichzeitig ihre heranwachsenden Kinder beaufsichtigen; schließlich gewinnt die ganze Familie einen Einblick in die Berufsarbeit ihres Oberhauptes. Alle derartigen Vorteile liegen sicherlich im Interesse des Nutzers eines Heimarbeitsplatzes!

Natürlich kann man das Ausmaß der durch eine gezielte Dezentralisierung entstehenden Heimarbeitsplätze noch nicht im einzelnen voraussagen. Deshalb werden auch Überlegungen hierzu solange spekulativ bleiben, bis solche Plätze de facto erprobt, optimiert und installiert sind und das Akzeptanzverhalten der Benutzer und Betreiber erkennbar ist. Auf längere Sicht wird der häusliche informationsorientierte Arbeitsplatz

Breitband-Heimarbeitsplatz

aber einen spürbaren Wandel in der Beschäftigungsstruktur herbeiführen.

Trotz seiner potentiellen Vorzüge ist der Teleheimarbeitsplatz aber bereits zur Zielscheibe heftiger Auseinandersetzungen geworden, insbesondere für Arbeitnehmerorganisationen, die sich als kollektive Schutzverbände verstehen. Genaugenommen ist es die Sorge um Quantität und Qualität künftiger Arbeitsplätze, vor allem aber um die Sicherung der erkämpften Schutzregelungen, die im Umfeld des Heimarbeitsplatzes unterlaufen werden könnten. Auch glaubt man, im „Heimarbeiter" einer künftigen Informationsgesellschaft den verfremdeten, völlig vereinsamten, seine kollegiale Einbindung missenden und Sozialkontakte heischenden Menschen zu sehen. Endlich sind es die Risiken, die in einer totalen elektronischen Überwachung gesehen werden. Von solchen grundsätzlichen Bedenken ausgehend, erhebt sich die Frage nach der sozialen Verträglichkeit und sozialen Beherrschbarkeit künftiger integrierter Kommunikationssysteme und damit nach dem Sinn und der Notwendigkeit der ganzen Entwicklung.

Die öffentlichen, meist kontrovers geführten Diskussionen um die gesellschaftlichen Probleme und Auswirkungen einer künftigen Telekommunikationstechnik setzen – um mit Carl Friedrich von Weizsäcker zu sprechen – allerdings die gegenseitige Anstrengung voraus, Affekte der jeweils anderen Seite auch als Affekte verantwortungsvoller Menschen ernst zu nehmen.

Risiken und Chancen der Teleheimarbeit sind in der Tat durch Novellierungen bisheriger Arbeitsschutzrechte zu berücksichtigen, um zu verhindern, daß das „Netz der sozialen Sicherung" durchlöchert wird. Die Teleheimarbeit darf keinesfalls als Rückfall in eine Art „Cottage-Industrie" verstanden werden; vielmehr geht es um optimale Organisationsmuster des heraufziehenden Informationszeitalters. Selbstredend setzt der Teleheimarbeitsplatz einen breitbandigen Teilnehmeranschluß voraus, über den der Benutzer jederzeit einen Bewegtbilddialog mit Kollegen, Vorgesetzten und Kunden führen kann, um Probleme zu klären, Rückfragen zu halten oder auch nur Kontakte zu pflegen. Telearbeit bedeutet auch nicht, daß die Berührung mit anderen hierarchischen Ebenen verlorengeht. Lediglich die Häufigkeit persönlicher Begegnungen wird sich verringern, und es kann sich als notwendig erweisen, zusätzliche, nur zeitweise frequentierte Arbeitsplätze an zentraler Stelle einzurichten. Hier ist die wissenschaftliche Begleitforschung gefordert, gesamtwirtschaftliche und gesellschaftliche Wirkungen aufzuspüren, wenngleich die Erwartungen hinsichtlich richtungsweisender Aussagen und Prognosen angesichts zahlreicher Imponderabilien nicht allzu hochgeschraubt werden sollten.

Die Befürchtungen um die Kontrolle von Tätigkeiten und Inhalten können nur durch gesetzliche Regelungen gegen mißbräuchliche Zugriffe ausgeräumt werden. Im übrigen lehrt uns die jüngste Geschichte, daß eine kleinliche Personenüberwachung und -kontrolle gar keiner elektronischen Mittel bedarf. Natürlich muß auch in Zukunft das Gebot der Vertraulichkeit transportierter und gespeicherter Informationen an oberster Stelle stehen.

Schlußbetrachtung

Eine systematische und in sich geschlossene Kommunikationstheorie, die sowohl die wahrnehmungsphysiologischen als auch linguistischen, psychologischen, sozialen und organisatorischen Aspekte beleuchtet, gibt es bislang noch nicht. So blieb bei dieser Untersuchung und ihren Betrachtungen nur der Weg, die sachbezogenen und Erfahrungstatsachen in den Vordergrund zu stellen und sich vor allem daran zu orientieren, welchen Wert und welche Bedeutung die Bildkommunikation für den künftigen Benutzer – den Teilnehmer – letztlich darstellt. Beim Bildtelefon kommt das Sehen zu dem beim Telefon bisher üblichen Sprechen und Hören hinzu, ein Vorzug, dessen überragendes Gewicht für jedermann auf der Hand liegt. Aus allen damit zusammenhängenden Faktoren leitet sich zwangsläufig der Wunsch und die Forderung nach einem Fernmeldenetz ab, das die exklusive bewegtbildfähige Telekommunikation ermöglicht.

Zu dieser Kommunikationsform bedurfte es allerdings erst der Breitbandtechnik, die nach den technologischen Fortschritten und Entwicklungen während der letzten Jahrzehnte nunmehr anwendungsreif ist. Ein Nachrichtennetz in Breitbandtechnik erlaubt zum einen ein ungleich individuelleres und zweckdienlicheres Gestalten jeglicher zwischenmenschlichen Kommunikation und zum andern das endgültige Einbeziehen des – feststehenden wie auch bewegten – Bildes als Informationsmittel. Gleichwohl wird die kommende Breitbandtechnik uns noch eine Fülle naturwissenschaftlicher, technischer, ökonomischer und sozialpolitischer Fragestellungen auferlegen, die es zu lösen gilt.

Erst die Fortschritte in der optischen Übertragungstechnik und in der Höchstintegration der Halbleiterbausteine gaben uns die technischen und wirtschaftlichen Voraussetzungen, die diese neue, universelle Kommunikationsform ermöglichen und uns die in Breitbandtechnik aufgebauten Netze auch beherrschen lassen. Als „diensteintegrierende digitale Netzwerke der Zukunft" werden sie zur infrastrukturellen Basis für die weitreichenden Anwendungsformen im „Büro der Zukunft" und im „Heim der Zukunft". Dies wird auch mitbestimmend sein für den weiteren wirtschaftlichen und sozialen Fortschritt unserer informations- und kommunikationsorientierten Gesellschaft.

Die theoretischen und empirischen Untersuchungen des Kommunikationsverhaltens vor allem im Geschäftsbereich zeitigten ein umfangreiches Nutzungspotential für die Bildkommunikation. In erster Linie ist es hier die Ebene des Managements sowie des qualifizierten Sachbearbeiters, für die sich eine breite Palette von Anwendungsformen des bilateralen Bewegtbilddialogs, der Bildkonferenz und des interaktiven Informationsabrufs erschließt. Damit wird die Bildkommunikation auch zu einem im heutigen und künftigen Wirtschaftsleben nicht hoch genug zu veranschlagenden Faktor und zur nachhaltigen Verbesserung der Effizienz von Entscheidungsprozessen beitragen. Gleichermaßen wird die Bildkommunikation in den privaten Haushalt Eingang finden, wo allerdings die sozialen Beziehungen gesellschaftlicher Konvention im Mittelpunkt stehen. Hier wird die Breitbandtechnik nicht nur ein verbessertes und erweitertes Unterhaltungsangebot ermöglichen, sondern auch ein hochauflösendes Fernsehen und eine breit gefächerte Programmauswahl.

Über diese Substitutionspotentiale hinaus bleibt es uns vorbehalten, der Bildkommunikation weitere, neue Nutzungsformen zu erschließen. Wir werden auch dafür zu sorgen haben, daß alle in Betracht kommenden Anwenderkreise sich den neuen Kommunikationsdiensten zuwenden, den Umgang mit der diese Dienste tragenden Breitbandtechnik beherrschen und die Kosten akzeptieren.

Zweifellos steht die Kommunikationstechnik vor einem Innovationssprung bisher ungekannten Ausmaßes, zumal es nicht mehr nur um das Verbessern einzelner Leistungsmerkmale oder Funktionen geht, sondern um das langfristige Ziel einer umfassenden, alle Kommunikationsformen einbeziehenden integrierten Gesamtlösung. Die Konzeption hierfür, die schließlich auch zur Wettbewerbsfähigkeit der Fernmeldeindustrie beiträgt, findet ihren Niederschlag in den „Strategiepapieren" der Deutschen Bundespost. Sie hat diese Konzeption mitformuliert und geprägt und damit für die Hersteller, die Betreiber und die Benutzer künftiger Kommunikationssysteme ein hohes Maß an Planungssicherheit gewährleistet. Ein Vorhaben derartigen Ranges bedarf der gemeinsamen Anstrengung aller, damit wir bis zur vor uns liegenden Jahrtausendwende die erforderliche leistungsfähige Technik bereitstellen können.

Angesichts unserer technischen Möglichkeiten hat die Bewegtbildkommunikation nicht mehr den Charakter eines visionären Höhenflugs. Ihre Zeit erscheint gekommen und ihre Einführung geradezu überfällig zu sein. In allen Bereichen des privaten und beruflichen Lebens wird sie aber auch unsere bisherigen Kommunikationsgewohnheiten verändern und mit großer Wahrscheinlichkeit unsere gesellschaftlichen und wirtschaftlichen Strukturen beeinflussen.

Literatur

1. Steinbuch, K.: Kommunikationstechnik. Berlin: Springer 1977
2. Schmidt, V. R. F.: Grundriß der Sinnesphysiologie. Berlin: Springer 1980
3. Gregory, R. L.: Eye and Brain. World University Library. New York: McGraw Hill 1977
4. Argyle, M.: Körpersprache und Kommunikation. Paderborn: Jungfermann 1979
5. Argyl, M.; Trower, P.: Signale von Mensch zu Mensch. Weinheim: Belz 1981
6. Frey, S.: Die nonverbale Kommunikation. Stuttgart: Stifungsreihe SEL
7. Heiden, H.: Rund um den Fernsprecher. Braunschweig: Westermann 1963
8. Gerke, P.: Neue Kommunikationsnetze. Berlin: Springer 1982
9. Ohmann, F.: Kommunikationsendgeräte. Berlin: Springer 1983
10. Jayant, N. S.; Noll, P.: Digital Coding of Waveforms. New Jersey: Prentice Hall 1984
11. Kitahara, Y.: Information Network System. London: Heinemann Educational Books 1983
12. Deutsche Bundespost: IDSN – die Antwort der Deutschen Bundespost auf die Anforderungen der Telekommunikation von morgen. Bonn: 1984
13. Deutsche Bundespost: Konzept der Deutschen Bundespost zur Weiterentwicklung der Fernmeldestruktur. Bonn: 1984
14. Schönfelder, H.: Bildkommunikation. Berlin: Springer 1983
15. Fischer, K.: Bildtelefonie in der Bundesrepublik Deutschland. Informationen Fernspr.-Verm.-Techn. 7 (1979) Heft 4
16. Klein, P.: Fernsprech-Bildkonferenz. Nachr.-tech. z. 30 (1977)
17. Klein, P.:Kleinke, G.: BIGFON – Endgeräte und ihre Leistungsmerkmale. telcom report 6 (1983) Heft 2
18. Bocker, P.: ISDN Das diensteintegrierende digitale Nachrichtennetz. Berlin: Springer 1986
19. Picot, A.; Reichwald, R.: Bürokommunikation. München: CW-Publikationen 1984
20. Martin, J.: The wired Society. New Jersey: Prentice Hall 1978
21. Otto, P.; Sonntag, P.: Wege in die Informationsgesellschaft. München: Dt. Taschenb. Verl. 1985
22. Kanzow, J.: The Introduction of Broadband-Communication in the Federal Republic of Germany. ICC 1984 IEEE/Elsevier
23. Peters, W.: Dienste und Nutzen des Breitband ISDN. Telecomm. Bd. 11. Berlin: Springer 1985
24. Fischer, K.: Bildkommunikation – eine neue Qualität zwischenmenschlicher Kommunikation. Telecomm. Bd. 11. Berlin: Springer 1985
25. Witte, E.: Bedingungen und Wirkungen bei der Entwicklung neuer Kommunikationssysteme. Nachr.-tech. Z. 34 (1981)

Sachverzeichnis

Abtastfrequenz 44
Abtasttheorem 43
Ad-hoc-Besprechung 99
Aktionssignal 9
Akzeptanz 34, 50, 89
American Telephone and Telegraph Company 49
Analog-Digitalumsetzer 44
Analogtechnik 43
Arbeitsplatzkonferenz 50, 99
Arbeitsschutzrecht 123
Auflösungsvermögen, räumliches 11, 56
–, zeitliches 11, 56
Aufnahmefeld 67
Auge 10

Ballungszentrum 116
Bandbreite 44
Basisanschluß 52
Bedienungsfernsprecher 70
Begegnung, persönliche 17, 39, 93, 104
Begleitforschung, wissenschaftliche 93, 105, 123
Benutzungsoberfläche 63
Besprechung 99
Betriebsweise 6
Bewegtbild 6
Bewegtbildübertragung, analoge 56
–, digitale 58
BIGFON 49, 53
Bild 6, 26
Bildelement 11, 26, 30
Bildfernsprechen 49, 93, 125
Bildinhalt, qualitativ 25
–, quantitativ 29
Bildkommunikation 40, 48, 75, 97, 99
Bildkonferenzstudio 72, 100
Bildmaterial 25
Bildqualität 29, 36, 56, 68
Bildschirmarbeitsplatz 37
Bildschirmformat 66
Bildschirmtext 39, 106
Bildterminal 50
Bildwechselfrequenz 56

Binärsymbol 29, 44
Bitrate 44, 75
Bitratenreduktion 60
Blickkontakt 19, 65
Breitbanddienste 113
Breitbandkommunikation 17, 57, 75, 81, 109, 120
Bruttosozialprodukt 2
Bürokommunikation 69, 93
Bürotätigkeiten 95

CCITT 84
Chrominanz 55
CMOS 80
Codierung 43
–, geschlossene 60
Commuting 118
Cortisches Organ 12

Daten 6
Datenkommunikation 35
Datenübertragung 111
Deutsche Bundespost 53, 89
Dezentralisierung, organisatorische 117
–, räumliche 117, 121
Dialogmodus 6, 49, 64, 98
Dienstgüte 32
Digitaltechnik 43
Dokumentenmodus 49, 67, 98
Dreifarbentheorie 10

ECL 80
Eigenbild 66
Einführungsstrategie 89
Einmodefaser 46
Einortstheorie 13
Emblem 19
Endgerät 31, 42, 63
Energieversorgung 78
Entwicklungstendenzen 41
Ergonomie 55, 63

Farbbild 57, 58
Farbe 28

Farbtriplet 30, 58
FBAS Signal 58
Fehlwinkel 66
Fernsehrundfunk 7, 56
Fernsprechen 97
Fernsprechnetz 33
Festbild 26
Festbildkommunikation 36
Finanzierung 87
Freisprechen 68, 73
Frequenzmultiplex 42
–, optisches 82

Gebührenfaktor 88
Geschäftsreisen 100
Gesichtssinn 10
Gestik 20
Grafik 6
Grautonbild 29
Großbildprojektion 73
Großintegration 42
Gruppengespräch 49

Hardcopy 70
HDTV 91, 109
Heimkommunikationsanlage 71
Hören, räumliches 14
Hörsinn 9, 12
Human Factor Engineering 38

IBFN 109
Identität, soziale 20
IDN 35
Individualkommunikation 6, 113
Individualverkehr 119
Industriegesellschaft 2
Information 1
–, supplementäre 21
Informationsabruf, interaktiver 49, 93, 106, 113
Informationsaufnahme, mehrdimensionale 22
Informationsausgabe 37, 57, 112
Informationseingabe 37, 112
Informationsfluß 14, 60
Informationsgesellschaft 3, 122
Informationskanal, auditiver 14

–, visueller 14, 40
Informationsmedium 6, 28
Informationsquelle 5, 26
Informationssenke 5
Informationsübermittlung 6
Informationsverteilung 49
Integrierte Optik 47
Interaktion, soziale 1, 17
Investitionspolitik 87
Irrelevanzreduktion 60
ISDN 52, 76
ITU 84

Kabelrundfunkanlagen 109
Kamera 55, 65, 70
Kleingruppengespräch 70, 99
Kommunikation 1, 6
–, exklusive 7, 125
–, nichtverbale 19
–, verbale 17
Kommunikationsdienst 51
Kommunikationsform 6, 51
Kommunikationsinfrastruktur 2, 118
Kommunikationsnetz 31
–, dienstintegrierendes 51
–, dienstspezifisches 51
–, offenes 85
Kommunikationssteckdose 52, 86
Kommunikationssystem 5
–, technisches 23, 31, 41
Kommunikationstheorie 125
Kompatibilität 84
Komponentencodierung 59
Koppelmodul 80
Koppler, optische 80

LAN 112
Lesedistanz 29, 67
Lichtwellenleiter 45
Liniendichte 29
Luminanz 55

Management 96
Maschine-Maschine-Kommunikation 6, 35
Massenkommunikation 6, 108, 113
Mensch-Maschine-Kommunikation 6, 37
Mensch-Mensch-Kommunikation 6, 17

Mimik 19
Mobilfunknetz 42
Mobilität 101, 103, 118
Monolog 6
Multifunktionalität 63, 70, 86
Multimodefaser 46
Multiplexverfahren 32

Nachrichtenmenge 29
Nachrichtensatellit 42, 82
Nachrichtenwesen 31
Nervenbahnen 15
Netzhierarchie 32, 75
Netztopologie 32, 75
Nutzungsaspekt 93
Nutzungsszenarien 103

Office of the Future 95
Ohr 12
Ohrempfindlichkeit 13
Optogeometrie 64
OSI Referenzmodell 86

PCM Codierung 62
Picture Phone 49
Positionierungshilfe 66
Postmonopol 2, 87
Primärfarben 30, 57
Privatkommunikation 93, 102
Privatsphäre 105
Produktionsfaktor 2
Programmsteuerung 32
Programmverteilung 108

Quantisierung 44

Rasternetz 29
Rechnerverbund 112
Redundanzreduktion 61
Regeneratoren 46
Reichweite, natürliche 15, 31
Rezeptoren 9, 15

Sachbearbeiter 96
Schnittstelle 52, 85
Sehen, räumliches 11
Sehpunktschärfe 11, 29

Signale, paralinguistische 19
–, verbale 19
Signalverarbeitung 44
Sinnesorgane 9
Sinnesphysiologie 9
Speicherprogrammierung 41, 78
Sprache 6, 17
–, natürliche 34
–, verständliche 34
Sprachkommunikation 33, 48, 68
Standardisierung 84
Studiokonferenz 50
Substitutionspotential 101
Suburbanisierung 120
Synchronnetz 83

Tarifierung 88
Tastsinn 9, 14
Technological Assessment 93, 105
Teilnehmeranschluß 76
Teilnehmerzielgruppe 89, 93
Telefon 34
Telefonpersönlichkeit 94
Teleheimarbeitsplatz 121
Telekommunikation 15, 31, 125
Teletex 34
Terminaladapter 72
Text 6
Textkommunikation 35
Totalreflexion 46
Transcodierer 82

Übertragungskanal 5
Übertragungskapazität 78, 82
Übertragungstechnik 31, 42, 80
– , optische 42, 45
Übertragungsverhalten 47
UIT 84
Universalnetz 7, 53

Verkehrswesen 118
Vermittlungstechnik 32, 41, 78
Verteildienste 7, 108
Vertraulichkeit 33, 68, 123
Vicoset 69
Virtuelles Büro 121
Virtuelle Stadt 121

Wandler, optoelektrische 47
Wellenlängenmultiplex 47, 76
Wirkungen, sozio-ökonomische 115
World Trade Center 115

Zeichenvorrat 5
Zeilensprungverfahren 56
Zeitinterpolation 82
Zeitmultiplex 42, 78

If you have any concerns about our products,
you can contact us on
ProductSafety@springernature.com

In case Publisher is established outside the EU,
the EU authorized representative is:
**Springer Nature Customer Service Center GmbH
Europaplatz 3, 69115 Heidelberg, Germany**

Printed by Libri Plureos GmbH
in Hamburg, Germany